带你走近神秘植物世界

探索植物资源真奇神功

李振国

2018年12月22日

◆ 中国出版集团重点图书项目 ◆

中国秦岭 经济植物图鉴

Illustrated Handbook of Economic Plants
in Qinling Mountains,China

上 册

主　编　刘文哲（西北大学生命科学学院）

编　者　赵　鹏（西北大学生命科学学院）

　　　　刘培亮（西北大学生命科学学院）

　　　　周亚福（陕西省西安植物园）

　　　　仝盼盼（西北大学生命科学学院）

　　　　张爱新（西安独叶草生物科技有限公司）

　　　　毛少利（陕西省西安植物园）

世界图书出版公司

西安　北京　上海　广州

图书在版编目（CIP）数据

中国秦岭经济植物图鉴：全2册 / 刘文哲主编 . —
西安：世界图书出版西安有限公司，2019.1
　ISBN 978-7-5192-5180-2

　Ⅰ.①中…　Ⅱ.①刘…　Ⅲ.①秦岭—经济植物—图集
Ⅳ.① Q949.9-64

中国版本图书馆 CIP 数据核字 (2018) 第 277271 号

中国秦岭经济植物图鉴：全 2 册
ZHONGGUO QINLING JINGJI ZHIWU TUJIAN:QUAN 2 CE

主　　编	刘文哲
策　　划	赵亚强
责任编辑	王　冰　郭　茹
封面设计	诗风文化
出版发行	世界图书出版西安有限公司
地　　址	西安市北大街 85 号
邮　　编	710003
电　　话	029-87233647（市场营销部）　　029-87234767（总编室）
邮　　箱	xast@wpcxa.com
经　　销	新华书店
印　　刷	西安牵井印务有限公司
开　　本	185mm×260mm　1/16
印　　张	35
字　　数	500 千
版次印次	2019 年 1 月第 1 版　2019 年 1 月第 1 次印刷
国际书号	ISBN 978-7-5192-5180-2
定　　价	398.00 元（全 2 册）

序　言

秦岭是东西横亘于中国中部的巨型纬向山脉，万峪千峰如波涛起伏，连绵纵横 1600 千米。秦岭是中华文明的发祥地之一，华夏先祖神农氏曾在这里尝遍百草，教民稼穑。泱泱华夏五千余年文明历史，秦岭就曾滋育过周、秦、汉、唐等十三个王朝。秦岭是中华民族人文精神交融汇聚的宝地，是"立儒、生道、融佛"之地。

秦岭既是我国南北气候分界线，又是长江和黄河两大水系的分水岭。气候横跨亚热带、暖温带和温带。秦岭以北形成了世界独一无二的黄土地貌——黄土高原，以南则为丘陵和喀斯特地貌。秦岭又位于中国—日本森林植物亚区和中国—喜马拉雅植物亚区的分界线上，是华北、华中、唐古特及横断山脉等植物区系相互交互、渗透的关键地区。加之秦岭受第四纪冰川影响较小，为多种生物的生存和繁衍提供了理想的自然环境。形成了秦岭植物区系成分复杂、过渡性明显、植物种类繁多、生物多样性丰富等特点。

西北大学生命科学学院师生，从 20 世纪 60 年代就开始从事秦岭经济植物的研究，老一辈植物学家不仅发现了秦岭橡胶植物猫儿屎，还对秦岭树脂植物——漆树、蜜源植物、芳香油植物等进行了翔实的研究。刘文哲教授传承了老一代植物学者的优良作风，30 年来，他怀着对植物学的无尽热情，将所有精力投入到了秦岭资源植物研究和教学中，足迹踏遍秦岭的峰和峪，他还专门研究了 30 多种秦岭植物，如油料植物黄连木、花椒、

吴茱萸，药用植物喜树、贯叶连翘、水烛，树脂植物猫儿屎、华山松、臭椿，珍稀保护植物瘿椒树、大叶血藤等。他与团队成员在教学和科研过程中拍摄了秦岭植物图像标本上万个，从中精选出近 500 种秦岭重要经济植物，按经济植物的功能分为野果植物、野菜植物、淀粉植物、油脂植物、芳香油植物、纤维植物、鞣料类植物、农药植物、树脂及树胶类植物和硬橡胶植物等，总结形成《中国秦岭经济植物图鉴》，书中展现的每种经济植物不仅配有 2—3 幅能够反映其形态特征、应用部位、性状和野生生境的高清彩色图片，而且配以中文名、拉丁学名、别名、所属科属、形态特征、分布与生境、利用部位与营养或理化成分、采收与加工、资源开发与保护等内容。该图鉴将科学性与实用性密切结合，也是迄今为止，以彩色图鉴方式较为系统地记录秦岭经济植物的首部专业著作，必将成为秦岭地区人民脱贫致富的专业技术资料，也为从事秦岭植物研究的师生及植物学爱好者提供直观而实用的参考工具。也祝愿读者在阅读该书时，将秦岭野生植物资源的保护放在首位，实现可持续利用。

国家政府特殊津贴获得者
陕西省植物学会名誉理事长
教育部生物教学指导分委员会委员　　2018 年 10 月 28 日

前 言

　　秦岭诞生于距今 10 亿—2.4 亿年的主造山期，是我国华北古陆与杨子古陆之间的褶皱带。秦岭是横亘于中国中部的东西走向的巨大山脉，西起甘肃省临潭县北部的白石山，以迭山与昆仑山脉分界。向东经天水南部的麦积山进入陕西。在陕西与河南交界处分为三支，北支为靖山，余脉沿黄河南岸向东延伸，通称邙山；中支为熊耳山，南支为伏牛山。秦岭东西约跨经度 8°，全长 1600 km，南北约占纬度 28°，距离在 20—300 km 不等。海拔高度一般在 2000—2500m 之间。主脉由东向西逐渐升高，主峰——太白山位居秦岭中部偏西北，海拔 3767.2m。秦岭为黄河支流渭河与长江支流嘉陵江、汉水的分水岭；秦岭是我国南北气候分界线，秦岭以北为温带气候，以南为亚热带及热带气候；秦岭也是中国湿润与半湿润地区的分界线。它的沟谷纵横、峰峦叠嶂、植被茂盛、地形复杂，为多种物种生存、繁衍提供了得天独厚的自然条件，造就了东西承接、南北过渡、四方混杂、区系交错、相互渗透、别具特色的"生物多样性宝库"。孕育了丰富多样的植物资源，并因南北不同的气候环境呈现出不同的物种。从植被上看，秦岭南坡以落叶阔叶和常绿混交林为基带，自下而上有常绿、落叶阔叶混交林、落叶阔叶林、针阔叶混交林，造就了南坡的亚热带森林植被景观；北坡自下而上有暖温带、温带、寒温带、亚寒带 4 种气候，受海拔、气候、土壤等综合因素影响，植被景观呈明显的垂直分布，自下而上为落叶栎林带、桦木林带、针叶林带和高山灌丛草甸带，构成了典型的暖温带山地森

林植被景观。

据统计，在秦岭山脉中，仅种子植物就有3446种，加上蕨类、苔藓类等植物，总数达4000多种，而且有华杉、连香树、山白树、金线槭、独叶草、星叶草、新麦草、瓶儿小草等国家重点保护珍稀植物。丰富的动植物物种和特殊的气候特征，使秦岭成为中国非常重要的一个生态系统。同时，秦岭所蕴藏的丰富的动植物资源为古秦地人类的生存和发展提供了资源，也孕育了灿烂的中华文明。

自20世纪以来，科学技术的进步、工业经济的发展、人口的骤增，使人类对自然资源的需求与日俱增，植物资源利用的规模空前扩大，秦岭的植被以前所未有的速度遭到破坏。直到近三四十年，人们才意识到，保护秦岭的环境和维持生态平衡，就是在保护西安的后花园。为了能达到"物尽其材，物尽其用"，与自然规律融为一体的境界，实现保护和顺应自然、走持续发展道路的目标。编者在编辑出版了《中国秦岭常见药用植物图鉴》之后，经过野外调查、查阅文献和筛选，收载了价值较高或有发展前途的秦岭经济植物十大类（不包括药用植物）近500种（似含种下单位）。每种经济植物配有2—3幅能够反映其形态特征、应用部位、性状和野生生境的高清彩色图片，并配以中文名、拉丁学名、别名、所属科属、形态特征、分布与生境、利用部位与营养或理化成分、采收与加工、资源开发与保护等文字说明。正文后附中文名索引和拉丁学名索引。本书凝聚了编者近30多年教学、科研及野外工作的心血，也是迄今为止，以彩色图鉴方式较为系统地记录秦岭经济植物的著作，希望为秦岭野生植物资源的保护和可持续开发利用尽微薄之力，为秦岭山区人民的脱贫致富提供参考资料，为植物研究人员、植物学相关领域的高等院校师生及植物学爱好者提供直观而实用的工具。

经济植物开发利用是一项多学科相互渗透、综合性强的研究工作，涉及知识面广，实用性强。由于作者专业水平有限，加之近年来植物科学发展迅速，新成果倍出，信息量大，书中难免有遗漏和错误，有待今后不断完善和补充。

中国植物学会植物结构与生殖生物学专业委员会委员
陕西省植物学会常务理事
西北大学生命科学学院生物科学系主任
2018年10月16日

凡　例

一、《中国秦岭经济植物图鉴》反映中国秦岭常见经济植物的生长分布情况，并简述其最新应用研究、利用部位与营养成分、采收与加工、资源开发与保护等。全书收载近500种（含种下单位）常见经济植物种类，附彩色图片1000余幅。

二、本书以植物的系统位置为编排主线，包括蕨类植物、裸子植物和被子植物。其中以被子植物中的经济植物为主，按其主要用途分为：野果植物、野菜植物、淀粉植物、油脂植物、芳香油植物、纤维植物、鞣料类植物、农药植物、树脂及树胶类植物，不同用途植物采用最新的被子植物APG Ⅳ分类系统按科排列，同科的经济植物连续排列。

三、本书所载各经济植物，每种经济植物配有能反映其形态特征和生长环境的彩色图版，并配有植物的中文名、拉丁学名、别名、所属科属，以及其主要营养成分、采收与加工和资源开发与保护等叙述。

中文名　以《中国植物志》为准。

拉丁学名　以《中国植物志》为准。

别名　系指正名外，本地区经济植物有代表性的名称及该经济植物通用的俗名。

所属科属　采用最新的被子植物APG Ⅳ分类系统中的科名，对于该系统中撤销成合并的科，括号内注明了该物种在中国植物志中所属的科名。

形态特征　其描述主要参考《中国植物志》《中国经济植物志》《中国高等植物图鉴》。

分布与生境　主要记述原植物的生态环境和在秦岭的主要分布区域，参考《秦岭植物志》。

利用部位与营养成分　主要利用部位分为根、根皮、根状茎、茎、茎皮、茎髓、叶、花、果实、果皮、种子等；营养成分一概采用中文通用名词和术语，主要参考《中国经济植物志》及相关经济植物的最新研究成果。

采收与加工　按照经济植物相关理论研究与生产实践结合的经验，参考《中国经济植物志》，以及相关经济植物的最新研究成果加以概述。

资源开发与保护　简要概述了该植物在秦岭的资源状况，及保护和开发价值。若该植物有多种用途时，在该项中简要介绍其他用途。

四、本书使用的度、量、衡单位一律为国家公布的法定计量单位。

五、本书收载的经济植物仅限目前比较常见的品种，对一些使用不多的暂未收入。

六、本书收载的经济植物均附中文名和拉丁学名索引，供广大读者查阅。

目 录

野果植物

野菜植物

淀粉植物

油脂植物

芳香油植物

鞣料类植物

农药植物

野果植物

　　野果植物是指直接或间接为人类提供可食果品或果品加工原料的野生植物。其果实或其附属部可食，且具备通常意义上水果的特点，野果植物为人类提供含大量水分、糖类、维生素、氨基酸、矿物质元素、植物色素及苷类和萜类等物质，且口味独特，营养丰富，不含有毒物质或毒性轻微。野果植物能给食用者感观和味觉上的享受，可以直接食用或加工为果汁、果酒、果脯等，也有少数种生食性能不佳，需加工后再食用的野生植物。

　　随着人们生活水平的提高，有丰富营养价值的特色水果及其保健食品已成为人们的最佳选择。野生水果有较强的适应性，有的营养丰富，有的药食同源，具有保健功效。特别是在近几年来，人们的饮食趋于无污染的绿色食品，野生水果倍受青睐，这对野生水果的开发和研究提供了外部环境，对丰富人们的菜篮子和提高经济收入具有重要意义。野生水果除鲜食外，更适合加工，鲜果可速冻或制成果汁、饮料、果酱、罐头、果酒、果蜜、果干、果冻、果脯、冰糕及固体饮料等，经常食用有益于人们的身体健康；许多野生水果还是栽培果树的优良砧木和抗性育种材料以及重要的观赏、蜜源、药用、香料、油脂和水土保持树种。随着人们生活水平的提高和资源开发的深入，野生水果以其庞大的数量、丰富的遗传多样性、突出的抗性和适应性、显著的食疗价值、新颖的风味、广泛的作用以及纯天然、无污染、富含营养等独特优势，已成为水果业、食品加工以及山区开发等有关部门关注的焦点。因此，对野生水果资源的研究目前已成为国内外许多部门研究的热点。通过我们对秦岭地区野生水果植物资源进行调查，对发掘秦岭野果植物资源，丰富中国野生水果遗传资源，促进秦巴地区生物资源的开发利用与可持续发展，帮助山区人民脱贫致富，促进地方经济的发展，均有重要的理论意义及实践意义。

　　秦岭野果植物200多种，以浆果类的果实为主，如五味子科、木通科、茶藨子科、葡萄科、胡颓子科、桑科、鼠李科、蔷薇科、猕猴桃科和茄科等。野生果实一般在夏、秋季成熟，如猕猴桃、悬钩子、山桃等，也有在春末夏初成熟的，如各种桑椹、樱桃、梅、李等。因大部分浆果含水量较大，果皮又薄，完全成熟后易腐烂和霉坏，而未成熟的果实含糖量不高，故必须适时采收。若食用种子采收一般应按其不同成熟季节分别进行，但必须注意完成成熟后才可采收。酿造用的果实，一般宜用鲜果，否则会损失糖分，甚至会霉变。各种野生果实如葡萄、悬钩子和野樱桃等，可采取就地初步加工（榨取果汁）的方法，这不仅利于运输，也易于保管。对种子类果实，一般采收后除去枝叶和杂质，并去掉粗糙外皮，晒干保存。

Ginkgo biloba L.
白果、公孙树
银杏科（Ginkgoaceae）银杏属植物

银杏

【形态特征】落叶乔木，枝有长枝与短枝。叶在长枝上螺旋状散生，在短枝上簇生状，叶片扇形，有长柄，2叉状并列的细脉。雌雄异株，球花生于短枝叶腋或苞腋；雄球花成荑黄花序状，雄蕊多数，各有2花药；雌球花有长梗，梗端2叉，叉端生1珠座，每珠座生1胚珠，仅1个发育成种子。种子核果状，椭圆形至近球形；外种皮肉质，有白粉，熟时淡黄色或橙黄色；中种皮骨质，白色，具2—3棱；内种皮膜质；胚乳丰富。花期3—4月，种子9—10月成熟。

【分布与生境】秦岭南北各地广泛栽培。银杏为喜光树种，深根性，对气候、土壤的适应性较宽。土层深厚、肥沃湿润、排水良好的地区生长最好。

【营养成分】种子含粗脂肪2.16%，淀粉62.4%，蔗糖5.2%，还原糖1.1%，蛋白质0.26%，矿物质3%，粗纤维1.2%，以及维生素C66.8—129.2mg/100g、维生素E6.17—8.05mg/100g，还含有核黄素、胡萝卜素、类胡萝卜素、花青素，另外含有17种氨基酸、白果醇、白果酮、廿八醇、β-谷甾醇、豆甾醇、生物碱等。微量元素有Fe、Cu、Mn、Zn及常量元素Ca、Mg等。种子中的氢氰酸、白果酸、氢化白果酸、氢化白果亚酸、白果酚、白果醇等成分有小毒，应煮熟食用，且不宜多食。树皮含单宁。

【采收与加工】霜降后果实成熟，进行采收。采集后取外种皮，并用流水冲洗干净，晾干保存。

【资源开发与保护】银杏为中生代孑遗的稀有树种，系我国特产，仅浙江天目山有野生状态的树木。银杏为速生珍贵的用材树种，边材淡黄色，心材淡黄褐色，结构细，质轻软，富弹性，易加工，有光泽，比重0.45—0.48，不易开裂，不反挠，为优良木材，供建筑、家具、室内装饰、雕刻、绘图版等用。银杏树形优美，春、夏季叶色嫩绿，秋季变成黄色，颇为美观，可作庭园树及行道树。

野果植物
华山松

Pinus armandii Franch.
白松、五须松、果松、青松、五叶松
松科 Pinaceae 松属植物

【形态特征】常绿乔木，树干通直，树皮幼时绿色或灰绿色，老时呈龟甲状剥落；冬芽褐色，微具树脂。针叶5针一束，较粗硬；树脂管3个，背面2个边生，腹面1个中生；叶鞘早落。雄球花长卵形，粉红色，聚生于当年生枝基部；雌球花具梗顶生。球果圆锥状长卵形，长10—22cm，直径5—9cm，熟时种鳞张开，种子脱落；种鳞的鳞盾无毛，不具纵脊，鳞脐顶生，形小，先端不反曲或微反曲；种子褐色至黑褐色，无翅或上部具棱脊。花期5—6月，果期次年9—10月。

【分布与生境】秦岭南北坡均有分布，生于海拔1500—2000m，组成纯林或与针叶树、阔叶树种混生。为中等喜光树种，生长较快，喜深厚肥沃土壤，不耐碱。

【营养成分】种子含油量42.8%，含蛋白质17.83%。树皮含单宁，针叶除含有松节油和树脂外，还含有蛋白质，胡萝卜素和维生素C、E、D，叶绿素、粗脂肪、矿物质元素、有机酸和抗生素等成分。

【采收与加工】种子10月成熟，采收期应在球果未开裂之前进行，以免种子脱落，采收的球果晒干后，用木棒敲打或专用脱粒机脱粒，然后除去杂物，分离出纯净种子。

【资源开发与保护】华山松种子（松子）是重要的干果之一。其种子也可榨油供食用或作工业用油。其木材的边材淡黄色，心材淡红褐色，结构微粗，纹理直，材质轻软，比重0.42，树脂较多，耐久用。可供建筑、枕木、家具及木纤维工业原料等用材。树干可割取树脂；树皮可提取栲胶；针叶可提炼芳香油。

Schisandra sphenanthera Rehd. et Wils.
五味子、南五味子
五味子科 Schisandraceae 五味子属植物

野果植物
华中五味子

005

【形态特征】落叶木质藤本，藤茎细长，红褐色。叶互生，椭圆形、倒卵形或卵状披针形，先端短急尖或渐尖，边缘有疏锯齿。花生于近基部叶腋，花梗纤细，长 2—4.5cm，基部具长 3—4mm 的膜质苞片，花被片 5—9，橙黄色，近相似，椭圆形或长圆状倒卵形，中轮的长 6—12mm，宽 4—8mm，具缘毛，背面有腺点。雄花：雄蕊群倒卵圆形，径 4—6mm；花托圆柱形，顶端伸长，无盾状附属物；雄蕊 11—19(23)，基部的长 1.6—2.5mm，药室内侧向开裂，药隔倒卵形，两药室向外倾斜，顶端分开，基部近邻接，花丝长约 1mm，上部 1—4 雄蕊与花托顶贴生，无花丝；雌花：雌蕊群卵球形，雌蕊 30—60 枚，子房近镰刀状椭圆形，长 2—2.5mm，柱头冠狭窄，仅花柱长 0.1—0.2mm，下延成不规则的附属体。浆果球形，肉质，熟时深红色；种子 1—2。花期 4—7 月，果期 7—9 月。

【分布与生境】广泛分布于秦岭海拔 600—2000m 的山坡或灌丛中。喜阴凉湿润气候，耐寒，不耐水浸，需适度荫蔽，幼苗期尤忌烈日照射。以疏松、肥沃、富含腐殖质的壤土为宜。

【营养成分】含有植物甾醇、木脂素类、有机酸类、挥发油、维生素 A、维生素 E、糖类、树脂和鞣质等。

【采收与加工】果实秋季完全成熟时采摘。

【资源开发与保护】成熟果实可直接食用。干燥的果实为著名中药五味子。其叶、果实可提取芳香油。种仁含有脂肪油，榨油可作工业原料、润滑油。茎皮纤维柔韧，可做成绳索。

野果植物
串果藤

Sinofranchetia chinensis (Franch.) Hemsl.

木通科 Lardizabalaceae 串果藤属

【形态特征】落叶木质藤本。叶具羽状 3 小叶，通常密集与花序同自芽鳞片中抽出；托叶小，早落；小叶纸质，顶生小叶菱状倒卵形，先端渐尖，基部楔形，侧生小叶较小，基部略偏斜，上面暗绿色，下面苍白灰绿色；侧脉每边 6—7 条。总状花序长而纤细，下垂，长 15—30cm，基部为芽鳞片所包托；多花稍密集着生于花序总轴上。花小，单性。雄花：萼片 6，绿白色，有紫色条纹，倒卵形；蜜腺状花瓣 6，肉质，近倒心形，雄蕊 6，花丝肉质，离生，花药略短于花丝，药隔不突出；退化心皮小。雌花：萼片与雄花的相似，花瓣很小；退化雄蕊与雄花形状相似但较小；心皮 3，椭圆形或倒卵状长圆形，比花瓣长，无花柱，柱头不明显，胚珠多数，2 列。成熟心皮浆果状，椭圆形，淡紫蓝色。种子多数，卵圆形，压扁，种皮灰黑色。花期 5—6 月，果期 9—10 月。

【分布与生境】秦岭南北坡均有分布，生于海拔 1000—2000m 山坡林内或山沟灌丛中。喜阴湿肥沃土壤。

【营养成分】果实含糖量约为 6%，并含有硝酸钾等。种子含淀粉10%—15%。

【采收与加工】果实秋季完全成熟时采摘。

【资源开发与保护】成熟果实果肉白色、多汁，可直接食用，也可酿酒。藤茎可药用。串果藤为我国特有的单种属植物，野生资源较少，应加强保护。

Decaisnea insignis (Griff.) Hook. f. et Thoms.
猫屎瓜、矮杞树
木通科 Lardizabalaceae 猫儿屎属植物

【形态特征】落叶灌木，分枝少。奇数羽状复叶，无托叶；叶柄基部具关节；小叶对生，全缘，具短的小叶柄。花单性，组成总状花序或再复合为顶生的圆锥花序，腋生；萼片6，花瓣状，2轮，近覆瓦状排列，披针形，先端长尾状渐尖；花瓣不存在。雄花：雄蕊6枚，合生为单体，花药长圆形，两缝开裂；退化心皮小，通常藏于花丝管内。雌花：退化雄蕊6枚，离生或基部合生；心皮3，离生，直立，无花柱，柱头倒卵状长圆形，胚珠多数，2行排列于心皮腹缝线两侧。肉质蓇葖果圆柱形，蓝色，下垂，最后沿腹缝开裂；种子多数，藏于白色果肉中，倒卵形或长圆形，压扁，外种皮骨质，黑色或深褐色。花期5—6月，果期9—10月。

【分布与生境】秦岭南北坡广泛分布，生于海拔900—2200m的谷坡灌丛或沟谷杂木林下阴湿处。喜肥沃土壤。

【营养成分】果实中富含糖类、蛋白质、脂肪、果胶、维生素和矿物质元素，味甜。

【采收与加工】猫儿屎幼嫩绿色，成熟后变蓝色或蓝紫色，多浆汁，形如猫屎，此时可采收。

【资源开发与保护】成熟果实可鲜食和加工制糖、酿酒、食品、果胶、果冻、果酱等。果皮含橡胶21.87%，弹性和韧性强，可制橡胶用品；种子含油量19.53%，可榨油，用于肥皂。猫儿屎野生资源较为丰富。

野果植物
三叶木通
Akebia trifoliata (Thunb.) Koidz.
八月瓜、八月炸
木通科 Lardizabalaceae 木通属植物

【形态特征】落叶木质藤本。茎皮灰褐色，有稀疏的皮孔及小疣点。三出掌状复叶互生或在短枝上的簇生；小叶卵圆形、宽卵圆形或长卵形，长宽变化很大，顶端钝圆、微凹或具短尖，基部圆形或宽楔形，有时微呈心形，边缘浅裂或呈波状，侧脉通常5—6对；叶柄细瘦。花序总状，腋生；花单性。雄花生于上部；雄蕊6，离生，排列为杯状，花丝极短，药室在开花时内弯；退化心皮3。雌花花被片紫红色，具6个退化雄蕊，心皮3—9枚，分离。果实肉质，长卵形，直或稍弯，成熟时灰白略带淡紫色，成熟后沿腹缝线开裂；种子多数，卵形，黑色。花期4—5月。果期8—9月。

【分布与生境】秦岭南北坡普遍分布，生于海拔550—2000m的低山坡林下或灌丛中。性喜阴湿，比较耐寒。在微酸、多腐殖质的黄壤中生长良好，也能适应中性土壤。

【营养成分】果实中含蛋白质0.989%，总糖13.69%，有机酸3.179%，脂肪0.139%，17种氨基酸共5.29%，均高于苹果、橘子、梨子等栽培品。维生素C含量为0.084%。

【采收与加工】果实8—9月成熟时采收。

【资源开发与保护】三叶木通果实作为水果食用，有其发达的胎座组织，味甜可口，风味独特。种子含油量高达43%，主要以油酸、亚油酸、棕榈酸为主，并含有少量醋酸和亚麻酸，并含有丰富的维生素E、维生素C和维生素B，可供食用。藤茎、根和果实均可供药用。三叶木通株丛整齐清秀，花色淡雅，果多为紫色或灰色，叶柄、叶背脉呈水红色，枝条遒劲多姿，可作为庭院、公园、旅游景区、铁路两侧、高速公路两侧、城市垂直绿化。其花、叶、果观赏价值颇高，花香扑鼻，非常怡人。

Holboellia grandiflora Reaub.
大花牛姆瓜
木通科 Lardizabalaceae 八月瓜属植物

野果植物
牛姆瓜

009

【形态特征】常绿木质大藤本。枝圆柱形；茎皮褐色。掌状复叶具长柄，有小叶 3—7 片；叶柄稍粗，叶革质或薄革质，倒卵状长圆形或长圆形，有时椭圆形或披针形，通常中部以上最阔，先端渐尖或急尖，基部通常长楔形，边缘略背卷，上面深绿色，有光泽，干后暗淡，下面苍白色；中脉于上面凹入，侧脉每边 7—9 条，与网脉均在上面不明显，在下面略凸起。花淡绿白色或淡紫色，雌雄同株，数朵组成伞房式的总状花序；2—4 个簇生于叶腋。雄花：外轮萼片长倒卵形，先端钝，基部圆或截平，内轮的线状长圆形，与外轮的近等长但较狭；花瓣极小，卵形或近圆形；雄蕊直，花丝圆柱形。雌花：外轮萼片阔卵形，厚，先端急尖，基部圆，内轮萼片卵状披针形，远较狭；花瓣与雄花的相似；退化雄蕊小，近无柄，药室内弯；心皮披针状柱形，柱头圆锥形，偏斜。果长圆形，常孪生；种子多数，黑色。花期 4—5 月，果期 7—9 月。

【分布与生境】秦岭南北坡均有分布，生于海拔 1400—2300m 间的山坡杂木林中或路旁腐殖土上。

【采收与加工】果实成熟时采摘，新鲜即用。

【资源开发与保护】牛姆瓜藤皮可制纤维。藤和叶可供药用。种子可榨油。

野果植物

陕西茶藨子

Ribes giraldii Jancz.
腺毛茶藨、纪氏茶藨子
虎耳草科 Saxifragaceae 茶藨子属植物

【形态特征】落叶灌木。叶宽卵圆形,宽几乎与长相等,基部近截形至浅心脏形,两面均被柔毛和腺毛,掌状 3—5 裂,裂片先端钝。花单性,雌雄异株,形成总状花序;雄花序长 3—7cm,疏松而直立,具花 8—20 朵;雌花序长 2—3cm,具花 2—6 朵;果序具果 1—2 枚。雄花的花梗长 3—6mm,雌花梗较短;苞片披针形或长圆形,长于花梗;花萼黄绿色;萼筒浅杯形或碟形;萼片倒卵状椭圆形或舌形,先端圆钝,花期开展或反折,果期反折;花瓣倒卵圆形或近舌形,先端圆钝或近截形;雄蕊花丝短,约与花瓣近等长,花药圆卵形;雌花的雄蕊甚短,花药无花粉;子房具柔毛和腺毛,雄花几无子房;花柱稍长于雄蕊,先端 2 裂。果实卵球形,红色。花期 4—5 月,果期 6—9 月。

【分布与生境】秦岭南北坡均有分布,生长于海拔 500—2000m 的山坡或山谷林下或灌丛中。

【营养成分】维生素 C,维生素 B_2,微量元素锌、铁、锡、钾等,除此之外还有 18 种氨基酸和蛋白质等。

【采收与加工】果实成熟时采收。

【资源开发与保护】成熟的陕西茶藨子果实有酸味,可鲜食或供酿造。

【形态特征】落叶灌木，高 2—3m；小枝深褐灰色或棕灰色，皮长条状剥落，嫩枝红褐色，无刺。叶长卵圆形，3—5 裂，中央一裂片最长，先端尖或短锐尖。花单性，雌雄异株；雄总状花序具花 7—30 朵；苞片卵状披针形或长圆状披针形；萼筒浅杯形，萼片卵圆形或舌形，直立；花瓣近扇形或

楔状匙形。雌花序有 3—6 小花，雌花的雄蕊退化，花柱顶端 2 裂；花碟形或倒圆锥形，褐紫色；萼片卵形。果实近球形或倒卵形，光滑，鲜红色。花期 4—6 月，果期 7—9 月。

【分布与生境】秦岭南北坡广泛分布，生于海拔 1300—2800m 山坡或山谷丛林及林缘或岩石上。

【营养成分】冰川茶藨子果实营养价值丰富，含有大量维生素 A、B、C、D，糖，有机酸等。

【采收与加工】7—9 月果实成熟变红时采收。

【资源开发与保护】冰川茶藨子浆果可生食，也可用于制作果酱、果汁、果糖和果酒，还可以提取维生素、食品色素及果胶酶。作为保健食品，果实具有防治坏血病和多种传染病的作用。除此之外，还可以作观赏灌木及杂交亲本。

野果植物

细枝茶藨子

Ribes tenue Jancz.
狭萼茶藨子
虎耳草科 Saxifragaceae 茶藨子属植物

【形态特征】落叶灌木。小枝无毛，常具腺毛，无刺。叶长卵圆形，基部平截或心形，掌状 3—5 裂，顶生裂片菱状卵圆形，先端渐尖或尾尖，比侧生裂片长 1—2 倍，具深裂或缺刻状重锯齿。花单性，雌雄异株；总状花序直立；雄花序长 3—5cm，具 10—20 花；雌花序长 1—3cm，具 5—15 花；苞片披针形或长圆状披针形；花萼近辐状，萼筒碟形，萼片舌形或卵圆形，直立；花瓣楔状匙形或近倒卵圆形，暗红色；雄蕊短，雌花的花药不发育，子房无毛，花柱顶端 2 裂；雄花的花柱短棒状，子房败育。果球形，暗红色。花期 5—6 月，果期 8—9 月。

【分布与生境】秦岭南北坡均有分布，生于海拔 1300—2600m 山坡针叶林下，草地杜鹃灌丛内。

【营养成分】细枝茶藨子果实营养价值丰富，含有大量维生素 A、B、C、D，糖，有机酸等。

【采收与加工】8—9 月果实成熟变暗红时采收。

【资源开发与保护】细枝茶藨子浆果可生食，也可用于制作果酱、果汁、果糖和果酒，还可以提取维生素、食品色素及果胶酶。

Vitis piasezkii Maxim.
复叶葡萄
葡萄科 Vitaceae 葡萄属植物

野果植物
变叶葡萄

013

【形态特征】木质藤本。小枝圆柱形，有纵棱纹。卷须 2 叉分枝，每隔 2 节间断与叶对生。叶 3—5 小叶或混生有单叶者，复叶者中央小叶菱状椭圆形或披针形，顶端急尖或渐尖，基部楔形，外侧小叶卵椭圆形或卵披针形，顶端急尖或渐尖，基部不对称，近圆形或阔楔形，单叶者叶片卵圆形或卵椭圆形，顶端急尖，基部心形。圆锥花序疏散，与叶对生，基部分枝发达；花蕾倒卵椭圆形，高 1—2.5mm，顶端圆形，萼浅碟形，边缘呈波状；花瓣 5，呈帽状黏合脱落；雄蕊 5，花丝丝状，在雌花内完全退化；花盘发达，5 裂；雌蕊 1，在雄花中完全退化，子房卵圆形，花柱短，柱头扩大。浆果球形，直径约 1cm，黑褐色；种子倒卵圆形。花期 6 月，果期 7—9 月。

【分布与生境】秦岭南北坡均有分布，生于海拔 1000—2000m 的山坡或沟谷中。

【营养成分】果实含糖量在 10%—18%，单宁 0.02%—0.15%，总酸 1%—3%，每 100g 鲜果含维生素 A80—100 国际单位、维生素 C_1—12.5mg，还有维生素 P、H 等。含氨基酸 10 余种，以及多种微量元素。

【采收与加工】变叶葡萄采收时要一手轻拿果穗，一手用采果剪剪断穗梗。变叶葡萄果实浆汁多，应轻拿轻放，避免果实及树体的机械损伤。

【资源开发与保护】成熟的变叶葡萄果实味酸甜，富浆汁，可生食，亦可酿造果酒。其种子含油率近 10%，并含有多种氨基酸和蛋白质，可开发成保健食品。

野果植物

葛藟葡萄

Vitis flexuosa Thunb.
葛藟、光叶葡萄、野葡萄
葡萄科 Vitaceae 葡萄属植物

【形态特征】木质藤本。小枝圆柱形,有纵棱纹,嫩枝疏被蛛丝状绒毛,以后脱落无毛。卷须 2 叉分枝,每隔 2 节间断与叶对生。叶卵形、三角状卵形、卵圆形或卵椭圆形,顶端急尖或渐尖,基部浅心形或近截形,心形者基缺顶端凹成钝角,边缘每侧有微不整齐 5—12 个锯齿;基生脉 5 出,中脉有侧脉 4—5 对。圆锥花序疏散,与叶对生,基部分枝发达或细长而短;花蕾倒卵圆形,顶端圆形或近截形;萼浅碟形,边缘呈波状浅裂;花瓣 5,呈帽状黏合脱落;雄蕊 5,花丝丝状,花药黄色,卵圆形,在雌花内短小,败育;花盘发达,5 裂;雌蕊 1,在雄花中退化,子房卵圆形,花柱短,柱头微扩大。果实球形,黑色。花期 5—6 月,果期 9—10 月。

【分布与生境】秦岭南坡有分布,生于海拔 600—1200m 的山地灌丛或林缘。

【营养成分】果实含糖,可生食或酿造果酒。

【采收与加工】果实成熟后采摘。

【资源开发与保护】葛藟葡萄根、茎和果实供药用,可治关节酸痛,种子可榨油。

【形态特征】木质藤本。小枝圆柱形，有纵棱纹，嫩枝疏被蛛丝状绒毛，以后脱落无毛。卷须 2 叉分枝，每隔 2 节间断与叶对生。叶卵形、三角状卵形、卵圆形或卵椭圆形，顶端急尖或渐尖，基部浅心形或近截形，心形者基缺顶端凹成钝角，边缘每侧有微不整齐 5—12 个锯齿；基生脉 5 出，中脉有侧脉 4—5 对。圆锥花序疏散，与叶对生，基部分枝发达或细长而短；花蕾倒卵圆形，顶端圆形或近截形；萼浅碟形，边缘呈波状浅裂；花瓣 5，呈帽状黏合脱落；雄蕊 5，花丝丝状，花药黄色，卵圆形，在雌花内短小，败育；花盘发达，5 裂；雌蕊 1，在雄花中退化，子房卵圆形，花柱短，柱头微扩大。果实球形，黑色。花期 5—6 月，果期 9—10 月。

【分布与生境】秦岭南北坡均有分布，野生或栽培，常生于山坡、沟边湿处或岩壁上。

【营养成分】果实含糖，有酸味，可生食亦可酿果酒。

【采收与加工】果实成熟后采摘，即可食用或制果酒。

【资源开发与保护】地锦为著名的垂直绿化植物，枝叶茂密，分枝多而斜展；根入药，能祛瘀消肿。

蓝果蛇葡萄

Ampelopsis bodinieri (Levl. et Vant.) Rehd.
蛇葡萄、闪光蛇葡萄
葡萄科 Vitaceae 地锦属植物

【形态特征】木质藤本。小枝圆柱形，有纵棱纹。卷须2叉分枝，相隔2节间断与叶对生。叶片卵圆形或卵椭圆形，不分裂或上部微3浅裂，顶端急尖或渐尖，基部心形或微心形，边缘每侧有9—19个急尖锯齿；基出脉5，中脉有侧脉4—6对。花序为复二歧聚伞花序，疏散；花蕾椭圆形，萼浅碟形，萼齿不明显，边缘呈波状；花瓣5，长椭圆形；雄蕊5，花丝丝状，花药黄色，椭圆形；花盘明显，5浅裂；子房圆锥形，花柱明显，基部略粗，柱头不明显扩大。果实近球圆形，深蓝色或紫色，有种子3—4颗。花期5—6月，果期7—8月。

【分布与生境】秦岭南北均有分布，生于低山区的山谷、沟边。

【营养成分】浆果实可酿酒。

【采收与加工】果实成熟后采摘，即可酿酒。

【资源开发与保护】蓝果蛇葡萄茎皮含19%的鞣质，可提制栲胶。根药用，有消肿解毒，止血止痛的功效。

Rubus coreanus Miq.
覆盆子、刺泡、荞麦泡、刺桑椹
蔷薇科 Rosaceae 悬钩子属植物

插田泡

【形态特征】灌木，高约3m；茎直立或弯曲成拱形，红褐色，有钩状的扁平皮刺。单数羽状复叶，小叶5—7，卵形、椭圆形或菱状卵形，先端急尖，基部宽楔形或近圆形，边缘有不整齐锥状锐锯齿，下面灰绿色，沿叶脉有柔毛或绒毛；叶柄长2—4cm，和叶轴均散生小皮刺；托叶条形。伞房花序顶生或腋生；具花数朵至30余朵。萼裂片卵状披针形，花时开展，果时反折；花瓣倒卵形，淡红色至深红色，与萼片近等长或稍短；雄蕊比花瓣短或近等长，花丝带粉红色；雌蕊多数。聚合果卵形，成熟时深红至紫黑色。花期4—6月，果期6—8月。

【分布与生境】插田泡生长强健，抗旱抗寒耐瘠薄。

【营养成分】插田泡果实维生素C和色素苷含量丰富，SOD含量高达292.34μg/g(鲜重)，另外，还含有丰富的糖类、蛋白质、有机酸、粗脂肪等营养成分。果实氨基酸含量为11.257mg/g(干重)，至少含有18种氨基酸。

【采收与加工】果实变红后可采摘，但红色果实味较酸，紫黑色果实味更甜。

【资源开发与保护】果实营养丰富，可生食、熬糖及酿酒，亦可入药。

野果植物
绵果悬钩子

Rubus lasiostylus Focke
毛柱悬钩子、毛柱莓、刺泡花
蔷薇科 Rosaceae 悬钩子属植物

【形态特征】灌木。枝红褐色，具针状或微钩状皮刺。小叶 3，叶卵形或椭圆形，基部圆或浅心形，沿叶脉疏生小皮刺，具不整齐重锯齿，顶生小叶常浅裂或 3 裂；疏生小皮刺。托叶卵状披针形或卵形，膜质。花 2—6 朵成顶生伞房状花序，有小皮刺；苞片卵形或卵状披针形，膜质，无毛花径 2—3cm；花萼紫红色，萼片宽卵形，先端尾尖，内萼片边缘具灰白色绒毛，花果期均开展，稀反折；花瓣近圆形，红色；花丝白色；花柱下部和子房上部密被灰白或灰黄色长绒毛。果球形，成熟时红色，密被灰白色长绒毛和宿存花柱。花期 6 月，果期 8 月。

【分布与生境】秦岭南北坡均有分布，生于海拔 1000—2500m 山坡灌丛或谷底林下。

【营养成分】果实中维生素类 (尤其是维生素 E) 和 SOD 等生物活性物质，还含有蛋白质、氨基酸和矿物质元素等。

【采收与加工】8 月果实成熟变红后采收。

【资源开发与保护】绵果悬钩子果实味酸甜，可直接食用，也可用于制作果酱。野生资源丰富，可进一步开发成特色水果或保健食品。

Rubus amabilis Focke
美丽悬钩子
蔷薇科 Rosaceae 悬钩子属植物

野果植物
秀丽莓

019

【形态特征】灌木，高 1—3m。具稀疏皮刺；花枝短，被柔毛和小皮刺。小叶 7—11 枚，卵形或卵状披针形，下面沿叶脉具柔毛和小皮刺，具缺刻状重锯齿，有时浅裂或 3 裂；叶柄长 1—3cm，疏生小皮刺，托叶线状披针形。花单生侧生小枝顶端，下垂。花梗疏生细小皮刺；花径 3—4cm；花萼绿带红色，密被柔毛，无刺或有时具稀疏针刺或腺毛，萼片宽卵形，花果时均开展；花瓣近圆形，白色，比萼片稍长或几等长，基部具短爪；花丝线形，基部稍宽，带白色；花柱浅绿色。果长圆形，成熟时红色。花期 4—5 月，果期 7—8 月。

【分布与生境】秦岭南北坡均有分布，生于海拔 1000—2500m 山坡灌丛或谷底林下。喜光，耐半阴；喜疏松湿润富含腐殖质的肥沃土壤，萌蘖性强；较耐寒。

【营养成分】果实维生素类和 SOD。另外，还含有丰富的糖类、蛋白质、有机酸、粗脂肪和多种氨基酸等营养成分。

【采收与加工】8 月果实成熟变红后采收。

【资源开发与保护】果实味酸甜，可直接食用，也可用于制作果酱。野生资源丰富，可进一步开发成特色水果或保健食品。

针刺悬钩子

【形态特征】匍匐灌木，高达 3m。幼枝被柔毛，常具较密的直立皮刺。小叶 5—7，卵形、三角状卵形或卵状披针形，先端尖或渐尖，基部圆或近心形，具尖锐重锯齿或缺刻状重锯齿，顶生小叶常羽状分裂；叶柄长 3—6cm，顶生小叶柄长 0.5—1cm，并有稀疏小刺和腺毛，托叶有柔毛。花单生或 2—4 朵成伞房花序。花梗长 2—3cm，有柔毛和小针刺，或有疏腺毛；花径 1—2cm；花萼具柔毛和腺毛，密被直立针刺，萼筒半球形，萼片披针形或三角状披针形，花果期均直立；花瓣长圆形、倒卵形或近圆形，白色；雄蕊长短不等；雌蕊多数。果近球形，成熟时红色；核卵球形。花期 4—5 月，果期 7—8 月。

【分布与生境】秦岭南北坡均有分布，生于海拔 1000—2500m 山坡灌丛或谷底林下。

【营养成分】果实含糖、有机酸、维生素、矿质元素及氨基酸等。

【采收与加工】8 月份果实成熟变红后采收。

【资源开发与保护】成熟果实可直接食用，味酸甜。其果实也可开发为果汁、果酒、果酱等。根可入药。

Rosa omeiensis Rolfe
刺石榴、山石榴
蔷薇科 Rosaceae 蔷薇属植物

峨眉蔷薇

【形态特征】直立灌木，高 3—4m；小枝细弱，无刺或有扁而基部膨大皮刺，幼嫩时常密被针刺或无针刺。小叶 9—13，连叶柄长 3—6cm；小叶片长圆形或椭圆状长圆形，先端急尖或圆钝，基部圆钝或宽楔形，边缘有锐锯齿；叶轴和叶柄有散生小皮刺；托叶大部贴生于叶柄，顶端离生部分呈三角状卵形，边缘有齿或全缘，有时有腺。花单生于叶腋，无苞片；花直径 2.5—3.5cm；萼片 4，披针形，全缘，先端渐尖或长尾尖；花瓣 4，白色，倒三角状卵形，先端微凹，基部宽楔形；花柱离生，被长柔毛，比雄蕊短很多。果倒卵球形或梨形，亮红色，果成熟时果梗肥大，萼片直立宿存。花期 5—6 月，果期 7—9 月。

【分布与生境】秦岭南北坡普遍分布，生于海拔 1400—2800m 间的山坡杂木林及灌丛中。

【营养成分】果实含糖及维生素等。果实成熟时味甜可鲜食，也可酿酒，晒干磨粉掺入面粉可作食品。

【采收与加工】果实成熟后摘下，装入筐篓，为加速其干燥时间，采后可将果实剖开压去种子，将果实晒干收藏。

【资源开发与保护】峨眉蔷薇根皮含鞣质 16%，可提制栲胶。果实可食用，又可入药，有止血、止痢、涩精之效。

野果植物

美蔷薇

Rosa bella Rehd. et Wils.
山刺玫、油瓶子
蔷薇科 Rosaceae 蔷薇属植物

【形态特征】灌木，高 1—3m；小枝圆柱形，细弱，散生直立的基部稍膨大的皮刺，老枝常密被针刺。小叶 7—9；小叶片椭圆形、卵形或长圆形，先端急尖或圆钝，基部近圆形，边缘有单锯齿；托叶宽平，大部贴生于叶柄，离生部分卵形，先端急尖，边缘有腺齿，无毛。花单生或 2—3 朵集生，苞片卵状披针形，先端渐尖，边缘有腺齿；花直径 4—5cm；萼片卵状披针形，全缘，先端延长成带状；花瓣粉红色，宽倒卵形，先端微凹，基部楔形；花柱离生，密被长柔毛，比雄蕊短很多。果椭圆状卵球形，顶端有短颈，猩红色，有腺毛；果梗可达 1.8cm。花期 5—7 月，果期 8—10 月。

【分布与生境】秦岭南北坡均有分布，生于海拔 1000—1700m 间的山地灌丛或林缘地带。

【营养成分】果实含糖及多种维生素。果实可酿酒、配制饮料。

【采收与加工】果成熟后摘下，装入筐篓，除去种子酿酒。

【资源开发与保护】美蔷薇花可提取芳香油并制玫瑰酱。花果均入药，花能理气、活血、调经、健胃；果能养血活血，据说能治脉管炎、高血压、头晕等症。有些地区用本种果实代金樱子入药。

Rosa roxburghii Tratt.
刺糜、刺梨、文光果
蔷薇科 Rosaceae 蔷薇属植物

缫丝花

【形态特征】开展灌木，高 1—2.5m；树皮灰褐色，成片状剥落；小枝圆柱形，斜向上升，有基部稍扁而成对皮刺。小叶 9—15，小叶片椭圆形或长圆形，先端急尖或圆钝，基部宽楔形，边缘有细锐锯齿，叶轴和叶柄有散生小皮刺；托叶大部贴生于叶柄，离生部分呈钻形，边缘有腺毛。花单生或 2—3 朵，生于短枝顶端；花直径 5—6cm；花梗短；小苞片 2—3 枚，卵形，边缘有腺毛；萼片通常宽卵形，先端渐尖，有羽状裂片，内面密被绒毛，外面密被针刺；花瓣重瓣至半重瓣，淡红色或粉红色，倒卵形，外轮花瓣大，内轮较小；雄蕊多数着生在杯状萼筒边缘；心皮多数，着生在花

托底部；花柱离生，不外伸，短于雄蕊。果扁球形，绿红色，外面密生针刺；萼片宿存，直立。花期 5—7 月，果期 8—10 月。

【分布与生境】秦岭南坡有野生和栽培，生于海拔 400—1300m 间的山坡路旁、山沟河边及地埂上、荒坡林缘。

【营养成分】果实含维生素 C 1000—3000mg/100g，维生素 P 28μg/100g。

【采收与加工】果成熟后摘下，装入筐篓，不要装过多，以免压破果实。

【资源开发与保护】鲜果实味甜可生食，也可制取果汁饮料、刺梨酒，富有营养。

野果植物
黄刺玫

Rosa xanthina Lindl.
黄刺莓
蔷薇科 Rosaceae 蔷薇属植物

【形态特征】直立灌木，高 2—3m；枝粗壮，密集，披散；有散生皮刺，无针刺。小叶 7—13，小叶片宽卵形或近圆形，稀椭圆形，先端圆钝，基部宽楔形或近圆形，边缘有圆钝锯齿；托叶带状披针形，大部贴生于叶柄，离生部分呈耳状，边缘有锯齿和腺。花单生于叶腋，重瓣或半重瓣，黄色，无苞片；花直径 3—5cm；萼筒、萼片外面无毛，萼片披针形，全缘，先端渐尖；花瓣黄色，宽倒卵形，先端微凹，基部宽楔形；花柱离生，被长柔毛，稍伸出萼筒口外部，比雄蕊短很多。果近球形或倒卵圆形，紫褐色或黑褐色，花后萼片反折。花期 4—6 月，果期 7—8 月。

【分布与生境】秦岭南北坡庭园习见栽培。

【营养成分】蔷薇果富含维生素 C，成熟果实可制果酱，食用或酿酒。

【采收与加工】果实成熟时，用剪刀剪下果实，置于通风处，防止踩压。

【资源开发与保护】黄刺玫茎皮含纤维素 33%，叶中含纤维素 15%，可作造纸及纤维板的原料。花浓香，可提取芳香油。

Duchesnea indica (Andr.) Focke
蛇泡草、龙吐珠、地莓
蔷薇科 Rosaceae 蛇莓属植物

蛇莓

【形态特征】多年生草本；根茎短，粗壮；匍匐茎多数。小叶片倒卵形至菱状长圆形，先端圆钝，边缘有钝锯齿，具小叶柄；托叶窄卵形至宽披针形。花单生于叶腋；直径 1.5—2.5cm；萼片卵形，先端锐尖，外面有散生柔毛；副萼片倒卵形，比萼片长，先端常具 3—5 锯齿；花瓣倒卵形，黄色，先端圆钝；雄蕊 20—30；心皮多数，离生；花托在果期膨大，海绵质，鲜红色，有光泽。瘦果卵形，光滑或具不明显突起，鲜时有光泽。花期 4—5 月，果期 6—7 月。

【分布与生境】秦岭南北坡普遍分布，生于海拔 300—2000m 间的山坡草地、路旁、地埂、阴湿的沟边或石隙内。

【营养成分】蛇莓果实含糖、酚类等，可鲜食，有小毒。

【采收与加工】果实成熟后连果梗摘下，装入筐篓，不要装过多，以免压破果实。

【资源开发与保护】全草药用，能散瘀消肿、收敛止血、清热解毒。茎叶捣敷治疗疮有特效，亦可敷蛇咬伤、烫伤、烧伤。

东方草莓

【形态特征】多年生草本，高5—30cm。茎被开展柔毛，上部较密，下部有时脱落。三出复叶，小叶几无柄，倒卵形或菱状卵形，顶端圆钝或急尖，顶生小叶基部楔形，侧生小叶基部偏斜，边缘有缺刻状锯齿。花序聚伞状，有花2—5朵，基部苞片淡绿色或具一有柄小叶。花两性，直径1—1.5cm；萼片卵圆披针形，顶端尾尖，副萼片线状披针形；花瓣白色，几圆形，基部具短爪；雄蕊18—22，近等长；雌蕊多数。聚合果半圆形，成熟后紫红色，宿存萼片开展或微反折；瘦果卵形，表面脉纹明显或仅基部具皱纹。花期4—5月，果期6—7月。

【分布与生境】秦岭南北坡均有分布，生于海拔1600—2500m间的沟边、路旁、林缘、林下或荒地。

【营养成分】果实（花托）含果汁70%—80%，总酸量1.175%—1.326%。果实鲜红色，质软而多汁，香味浓厚，略酸微甜，可生食或供制果酒、果酱。

【采收与加工】6—7月果实成熟后连果梗摘下，扎成小捆，备食用或酿酒。

【资源开发与保护】秦岭东方草莓野生资源丰富，适应性强，可进一步开发利用。

Fragaria pentaphylla Lozinsk.
泡儿、裁秧泡
蔷薇科 Rosaceae 草莓属植物

五叶草莓

【形态特征】多年生草本，高 10—15cm，茎高出于叶，密被开展柔毛。羽状 5 小叶，质地较厚，顶生小叶具短柄，上面一对侧生小叶无柄，小叶片倒卵形或椭圆形，顶端圆形，顶生小叶基部楔形，侧生小叶基部偏斜，边缘具缺刻状锯齿，锯齿急尖或钝，下面一对小叶远比上面一对小叶小，具短柄或几无柄。花序聚伞状，有花 2—3 朵，基部苞片淡褐色或呈有柄的小叶状；萼片 5，卵圆披针形，外面被短柔毛，比副萼片宽，副萼片披针形，与萼片近等长，顶端偶有 2 裂；花瓣白色，近圆形，基部具短爪；雄蕊 20 枚，不等长；雌蕊多数。聚合果卵球形，白色或红色，宿存萼片显著反折；瘦果卵形，仅基部具少许脉纹。花期 4—5 月，果期 5—6 月。

【分布与生境】秦岭南坡均有分布，生于海拔 700—2800m 荒山坡或山沟路旁。

【营养成分】果实（花托）含果汁 70%—80%，总酸量 1.175%—1.326%。果实白或红色，质软而多汁，香味浓厚，略酸微甜，可生食或制果酒、果酱。

【采收与加工】5—6 月果实成熟后连果梗摘下，扎成小捆，备食用或酿酒。

【资源开发与保护】秦岭五叶草莓野生资源较少，白色果实不同于普遍草莓，可进一步开发利用。

微毛樱桃

Cerasus clarofolia (Schneid.) Yu et Li
微毛野樱桃、西南樱桃
蔷薇科 Rosaceae 樱属植物

【形态特征】灌木或小乔木，高 2.5—20m，树皮灰黑色。小枝灰褐色，嫩枝紫色或绿色。叶片卵形，卵状椭圆形，或倒卵状椭圆形，先端渐尖或骤尖，基部圆形，边有单锯齿或重锯齿，侧脉 7—12 对；托叶披针形，边有腺齿或有羽状分裂腺齿。花序伞形或近伞形，有花 2—4 朵，花叶同开；总苞片褐色，匙形；苞片绿色，果时宿存；萼筒钟状，萼片卵状三角形或披针状三角形，先端急尖或渐尖，边有腺齿或全缘；花瓣白色或粉红色，倒卵形至近圆形；雄蕊 20—30 枚；花柱基部有疏柔毛，比雄蕊稍短或稍长，柱头头状。核果红色，长椭圆形。花期 4—6 月，果期 6—7 月。

【分布与生境】秦岭南北坡均有少量分布，生于海拔 1300—2300m 间的山坡、山谷丛林中。

【营养成分】果实含糖、胡萝卜素及维生素等。果实可生食或制罐头，樱桃汁可制糖浆、糖胶及果酒。

【采收与加工】果成熟后摘下，装入筐篓，不要装过多，以免压破果实。

【资源开发与保护】微毛樱桃果实风味优美。核仁可榨油，似杏仁油。

Cerasus tomentosa (Thunb.) Wall.
山樱桃、梅桃
蔷薇科 Rosaceae 樱属植物

野果植物
毛樱桃

029

【形态特征】落叶灌木，高1—3m。小枝紫褐色或灰褐色。叶片卵状椭圆形或倒卵状椭圆形，先端急尖或渐尖，基部楔形，边有急尖或粗锐锯齿，上面暗绿色或深绿色，下面灰绿色，侧脉4—7对。花单生或2朵簇生，花叶同开，近先叶开放或先叶开放；萼筒管状或杯状，萼片三角卵形，先端圆钝或急尖；花瓣白色或粉红色，倒卵形，先端圆钝；雄蕊20—25枚，短于花瓣；花柱伸出与雄蕊近等长或稍长；子房全部被毛或仅顶端或基部被毛。核果近球形，红色；核表面除棱脊两侧有纵沟外，无棱纹。花期4—5月，果期6—9月。

【分布与生境】秦岭南北坡普遍分布，生于海拔1000—2000m间的山坡、山沟的灌丛间或杂木林缘。

【营养成分】果实含糖12%，还含有胡萝卜素、硫胺素、核黄素、烟酸及维生素等。

【采收与加工】果成熟后摘下，装入筐篓，不要装过多，以免压破果实。

【资源开发与保护】果实可生食，味酸甜，富浆汁，能酿果酒，酒色鲜红，品质较好。

030

野果植物
湖北海棠

Malus hupehensis (Pamp.) Rehd.
野海棠、秋子、茶海棠、小石枣
蔷薇科 Rosaceae 苹果属植物

【形态特征】乔木，高达 8m；老枝紫色至紫褐色；冬芽卵形，先端急尖，鳞片边缘有疏生短柔毛，暗紫色。叶片卵形至卵状椭圆形，先端渐尖，基部宽楔形，边缘有细锐锯齿；托叶草质至膜质，线状披针形，先端渐尖，有疏生柔毛，早落。伞房花序，具花 4—6 朵，花梗长 3—6cm；苞片膜质，披针形，早落；花直径 3.5—4cm；萼筒外面无毛或稍有长柔毛；萼片三角卵形，先端渐尖或急尖，略带紫色，与萼筒等长或稍短；花瓣倒卵形，基部有短爪，粉白色或近白色；雄蕊 20，花丝长短不齐，约等于花瓣之半；花柱 3，较雄蕊稍长。果实椭圆形或近球形，黄绿色稍带红晕。花期 4—5 月，果期 8—9 月。

【分布与生境】秦岭南北坡普遍分布，生于海拔 800—2000m 间的山坡或山谷杂木林中。性喜湿润及排水良好的地方。

【营养成分】果实含糖 8%，可食，也可酿酒。

【采收与加工】果成熟后摘下，装入筐篓，不要装过多，以免压破果实。

【资源开发与保护】叶可代茶用，味微苦涩，俗名花红茶。幼树为嫁接苹果和花红的砧木，容易繁殖，嫁接成活率高。春季满树缀以粉白色花朵，秋季结实累累，甚为美丽，可作观赏树种。

Malus baccata (L.) Borkh.
林荆子、山定子
蔷薇科 Rosaceae 苹果属植物

野果植物
山荆子

031

【形态特征】乔木，高达 10—14m；树冠广圆形，幼枝圆柱形，红褐色，老枝暗褐色；冬芽卵形，先端渐尖，鳞片边缘微具绒毛，红褐色。叶片椭圆形或卵形，先端渐尖，稀尾状渐尖，基部楔形或圆形，边缘有细锐锯齿。伞形花序，具花 4—6 朵，无总梗，集生在小枝顶端，直径 5—7cm；苞片膜质，线状披针形，边缘具有腺齿，早落；花直径 3—3.5cm；萼筒外面无毛；萼片披针形，先端渐尖，全缘，长于萼筒；花瓣倒卵形，先端圆钝，基部有短爪，白色；雄蕊 15—20，长短不齐，约等于花瓣之半；花柱 5 或 4，较雄蕊长。果实近球形，直径 8—10mm，红色或黄色。花期 4—6 月，果期 9—10 月。

【分布与生境】秦岭南北坡普遍分布，生于海拔 1000—2000m 间的山坡或山谷灌丛或杂木林中。在排水良好和土壤肥沃的地方生长茂盛。

【营养成分】果实含糖 9%，可食，也可酿酒。

【采收与加工】9—10 月间采收果实，去掉果梗，团成圆饼，晒干，可常年食用。

【资源开发与保护】叶可代茶用。幼树树冠圆锥形，老时圆形，早春开放白色花朵，秋季结成小球形红黄色果实，经久不落，很美丽，可作庭园观赏树种。生长茂盛，繁殖容易，耐寒力强，我国东北、华北各地用作苹果和花红等砧木。根系深长，结果早而丰产。各种山荆子，尤其是大果型变种，可作培育耐寒苹果品种的原始材料。

野果植物
陇东海棠

Malus kansuensis (Batal.) Schneid.
甘肃海棠、大石枣
蔷薇科 Rosaceae 苹果属植物

【形态特征】灌木至小乔木，高 3—5m；小枝粗壮，圆柱形，老时紫褐色或暗褐色；冬芽卵形，先端钝，鳞片边缘具绒毛，暗紫色。叶片卵形或宽卵形，先端急尖或渐尖，基部圆形或截形，边缘有细锐重锯齿，通常 3 浅裂，裂片三角卵形，先端急尖。伞形总状花序，具花 4—10 朵，花直径 1.5—2cm；萼筒外面有长柔毛；萼片三角卵形至三角披针形，先端渐尖，全缘，与萼筒等长或稍长；花瓣宽倒卵形，基部有短爪，内面上部有稀疏长柔毛，白色；雄蕊 20，花丝长短不一，约等于花瓣之半；花柱 3，比雄蕊稍长。果实椭圆形或倒卵形，黄红色。花期 5—6 月，果期 8—9 月。

【分布与生境】秦岭南北坡均有分布，生于海拔 2000—3500m 间的山坡林下、林缘或灌丛中。抗寒能力强。

【营养成分】果实含糖 8%—10%，含水 5%。果实味酸可食，也可酿酒。

【采收与加工】果实全部成熟时进行采收。虽然本种富含水分，但能经久存放，不易腐烂。

【资源开发与保护】实生苗可作苹果砧木。木材细致，可供雕刻。

Amelanchier sinica (Schneid.) Chun
枎栘、红桐子
蔷薇科 Rosaceae 唐棣属植物

唐棣

【形态特征】小乔木，高 3—5m；小枝细长，圆柱形，紫褐色或黑褐色，疏生长圆形皮孔；冬芽长圆锥形，先端渐尖，具浅褐色鳞片，鳞片边缘有柔毛。叶片卵形或长椭圆形，先端急尖，基部圆形，通常在中部以上有细锐锯齿，基部全缘。总状花序，多花，长 4—5cm，直径 3—5cm；花直径 3—4cm；萼筒杯状；萼片披针形或三角披针形，长约 5mm，先端渐尖，全缘，与萼筒近等长或稍长；花瓣细长，长圆披针形或椭圆披针形，白色；雄蕊 20，远比花瓣短；花柱 4—5，基部密被黄白色绒毛，柱头头状，比雄蕊稍短。果实近球形或扁圆形，直径约 1cm，蓝黑色；萼片宿存，反折。花期 5 月，果期 9—10 月。

【分布与生境】秦岭南北坡均有分布，生于海拔 1000—2000m 间的山坡、阔叶林内。

【营养成分】果实清香甜美，风味独特，除鲜食以外，也是酿酒、制造高级饮品和保健药品的理想原料。

【采收与加工】果实全部成熟时进行采收。

【资源开发与保护】美丽观赏树木，花穗下垂，花瓣细长，白色而有芳香，栽培供观赏；树皮供药用。

野果植物
麻核栒子

Cotoneaster foveolatus Rehd. et Wils.
网脉灰栒子
蔷薇科 Rosaceae 栒子属植物

【形态特征】落叶灌木，高达 3m；枝条开张，小枝圆柱形，暗红褐色，嫩时密被黄色糙伏毛。叶片椭圆形、椭圆卵形或椭圆倒卵形，先端渐尖或急尖，基部宽楔形或近圆形，全缘。聚伞花序有花 3—7 朵，总花梗和花梗被柔毛；花直径约 7mm；萼筒钟状，萼片三角形，先端急尖；花瓣直立，倒卵形或近圆形，长约 4mm，宽 3mm，先端圆钝，粉红色；雄蕊 15—17，短于花瓣；花柱通常 3，甚短，离生，子房顶部密生柔毛。果实近球形，黑色；小核 3—4 个。花期 6 月，果期 8—9 月。

【分布与生境】秦岭南北坡均有分布，生于海拔 1000—2500m 间的山坡林下。

【营养成分】果实可食用。实生苗可作为果树的砧木。

【采收与加工】果实成熟时进行采收。

【资源开发与保护】麻核栒子在秦岭资源量较大，尚有待于开发。

西北枸子

Cotoneaster zabelii Schneid.
札氏枸子、杂氏灰枸子
蔷薇科 Rosaceae 枸子属植物

【形态特征】落叶灌木,高达 2m;枝条细瘦开张,小枝圆柱形,深红褐色,幼时密被带黄色柔毛。叶片椭圆形至卵形,先端多数圆钝,稀微缺,基部圆形或宽楔形,全缘。花 3—13 朵成下垂聚伞花序,总花梗和花梗被柔毛;萼筒钟状,外面被柔毛;萼片三角形,先端稍钝或具短尖头;花瓣直立,倒卵形或近圆形,先端圆钝,浅红色;雄蕊 18—20,较花瓣短;花柱 2,离生,短于雄蕊,子房先端

具柔毛。果实倒卵形至卵球形,直径 7—8mm,鲜红色,常具 2 小核。花期 5—6 月,果期 8—9 月。

【分布与生境】秦岭南北坡均有分布,生于海拔 1000—2300m 间的山坡灌丛或林缘。喜生于石灰岩山地。

【营养成分】果实含淀粉,可酿酒;种子可榨油。

【采收与加工】果实全部成熟时进行采收。

【资源开发与保护】西北枸子果实鲜红,存留时间长,为秋冬季节较好的观果绿化树木。

野果植物
水枸子

Cotoneaster multiflorus Bge.
枸子木、多花枸子、多花灰枸、灰枸子
蔷薇科 Rosaceae 枸子属植物

【形态特征】落叶灌木，高达 4m；枝条细瘦，常呈弓形弯曲，小枝圆柱形，红褐色或棕褐色，幼时带紫色。叶片卵形或宽卵形，先端急尖或圆钝，基部宽楔形或圆形。花多数，5—21 朵，成疏松的聚伞花序；花直径 1—1.2cm；萼筒钟状；萼片三角形，先端急尖；花瓣平展，近圆形，直径 4—5mm，先端圆钝或微缺，基部有短爪，白色；雄蕊约 20，稍短于花瓣；花柱通常 2，离生，比雄蕊短；子房先端有柔毛。果实近球形或倒卵形，直径 8mm，红色，有 1 个由 2 心皮合生而成的小核。花期 5—6 月，果期 8—9 月。

【分布与生境】秦岭南北坡普遍分布，生于海拔 600—2500m 间的山坡林下、林缘或灌丛中。其抗逆性很强，极耐干旱和瘠薄，但不耐水淹。

【营养成分】果实可食，但味道不佳。常作为苹果的砧木。

【采收与加工】果实成熟时进行采收。

【资源开发与保护】水枸子花洁白，果色艳丽繁盛，是北方地区常见的观花、观果树种；宜丛植于草坪边缘、园路转角、坡地观赏。枝、叶及果实均可入药，主治关节肌肉风湿、牙龈出血等症。

野果植物

037

Cotoneaster horizontalis Dcne.
铺地枸子、枸刺木、岩楞子、平枝灰枸子
蔷薇科 Rosaceae 枸子属植物

平枝枸子

【形态特征】落叶或半常绿匍匐灌木，高不超过0.5m，枝水平开张成整齐两列状；小枝圆柱形，黑褐色。叶片近圆形或宽椭圆形，稀倒卵形，长5—14mm，宽4—9mm，先端多数急尖，基部楔形，全缘。花1—2朵，近无梗，直径5—7mm；萼筒钟状，萼片三角形，先端急尖，外面微具短柔毛，内面边缘有柔毛；花瓣直立，倒卵形，先端圆钝，长约4mm，宽3mm，粉红色；雄蕊约12，短于花瓣；花柱常为3，有时为2，离生，短于雄蕊；子房顶端有柔毛。果实近球形，直径4—6mm，鲜红色，常具3小核。花期5—6月，果期9—10月。

【分布与生境】秦岭南北坡均分布，生于海拔1000—2500m间的干燥山坡上阳光充足处或灌木丛。喜光，稍耐阴，耐寒，耐干旱瘠薄，不耐水湿。

【营养成分】果实可食，但味道不佳。

【采收与加工】果实成熟变红时进行采收。

【资源开发与保护】平枝枸子是山区早春较好的蜜源植物之一。根可入药，能热除湿。

野果植物
火棘

Pyracantha fortuneana (Maxim.) Li
火把果、救兵粮、救军粮、救命粮
蔷薇科 Rosaceae 火棘属植物

【形态特征】常绿灌木，高达 3m；侧枝短，先端成刺状。叶片倒卵形或倒卵状长圆形，先端圆钝或微凹，有时具短尖头，基部楔形，下延连于叶柄，边缘有钝锯齿，齿尖向内弯，近基部全缘。花集成复伞房花序，直径 3—4cm；花直径约 1cm；萼筒钟状；萼片三角卵形，先端钝；花瓣白色，近圆形；雄蕊 20，药黄色；花柱 5，离生，与雄蕊等长，子房上部密生白色柔毛。果实近球形，橘红色或深红色。花期 3—5 月，果期 8—11 月。

【分布与生境】秦岭南北坡均有分布，生于海拔 550—1500m 间的河岸、沟岸、滩地和山坡灌木中。

【营养成分】火棘果实含有丰富的糖类、有机酸、蛋白质、氨基酸、维生素和多种矿物质元素，味甜稍酸涩，可食用，或酿酒。果实磨粉可作代食品，故称"救兵粮"。

【采收与加工】9—10 月果实成熟后采收，置于阴凉通风处阴干。

【资源开发与保护】火棘常绿，枝叶繁茂，果实鲜红，经久不落，是冬季极好的观果树木。根可入药，具有止泻、散瘀、消食等功效。

【形态特征】落叶乔木，高可达10m；树冠开展，树皮暗紫色，光滑；小枝细长，直立，老时褐色。叶片卵状披针形，先端渐尖，基部楔形，两面无毛，叶边具细锐锯齿。花单生，先于叶开放，直径2—3cm；花梗极短或几无梗；花萼无毛；萼筒钟形；萼片卵形至卵状长圆形，紫色，先端圆钝；花瓣倒卵形或近圆形，粉红色，先端圆钝；雄蕊多数，几与花瓣等长或稍短；子房被柔毛，花柱长于雄蕊或近等长。果实近球形，淡黄色，外面密被短柔毛，核小、球形或近球形，两侧不压扁，顶端圆钝，与果肉分离。花期3—4月，果期7—8月。

【分布与生境】秦岭南北坡均有分布，生于海拔800—2500m间山坡、山谷沟底或荒野疏林及灌丛内。

【营养成分】果实含糖类10%—12%。果实可生食、酿酒、制果酱、果脯。

【采收与加工】8月果实成熟后采收。近成熟的果实藏于谷糠中，3—5日后取出，即可食用。

【资源开发与保护】山桃抗旱耐寒，又耐盐碱土壤，在陕北地区主要作桃、梅、李等果树的砧木，也可供观赏。木材质硬而重，可作各种细工及手杖。果核可作玩具或念珠。种仁可榨油供食用。

野果植物
稠李

Padus racemosa (Lam.) Gilib.
臭耳子、臭李子
蔷薇科 Rosaceae 稠李属植物

【形态特征】落叶乔木，高可达 15m；树皮粗糙而多斑纹，老枝紫褐色或灰褐色，有浅色皮孔；小枝红褐色或带黄褐色；冬芽卵圆形，无毛或仅边缘有睫毛。叶片椭圆形、长圆形或长圆倒卵形，先端尾尖，基部圆形或宽楔形，边缘有不规则锐锯齿，有时混有重锯齿；下面中脉和侧脉均突起。总状花序具有多花，长 7—10cm，基部通常有 2—3 叶，叶片与枝生叶同形，通常较小；花直径 1—1.6cm；萼筒钟状，比萼片稍长；萼片三角状卵形，先端急尖或圆钝，边有带腺细锯齿；花瓣白色，长圆形，先端波状，基部楔形，有短爪，比雄蕊长近 1 倍；雄蕊多数，花丝长短不等，排成紧密不规则 2 轮；雌蕊 1，心皮无毛，柱头盘状，花柱比长雄蕊短近 1 倍。核果卵球形，顶端有尖头，红褐色至黑色，光滑。花期 5—6 月，果期 8—9 月。

【分布与生境】秦岭南北坡均有分布，生于海拔 1300—2500m 间山坡杂木林、山谷或灌丛。

【营养成分】果实含糖类 6.4%。果实可生食或酿酒。

【采收与加工】8—9 月果实成熟后采收，用篓装，最好随采随运。

【资源开发与保护】稠李种子含油量 38.8%，可榨油，用于制肥皂及供工业用用。树皮含鞣质 4.8%，可提制栲胶，也可用染料。

Elaeagnus lanceolata Warb.
山毛桃、野桃
胡颓子科 Elaeagnaceae 胡颓子属植物 | 披针叶胡颓子

【形态特征】常绿灌木，高 1—4m；幼枝淡黄白色或淡褐色，密被银白色和淡黄褐色鳞片；老枝灰色或灰黑色，圆柱形。叶革质，披针形或椭圆状披针形至长椭圆形，顶端渐尖，基部圆形，边缘全缘，反卷，上面幼时被褐色鳞片，成熟后脱落，具光泽，干燥后褐色，下面银白色，密被银白色鳞片和鳞毛，散生少数褐色鳞片，侧脉 8—12 对。花淡黄白色，下垂，密被银白色和散生少褐色鳞片和鳞毛，常 3—5 花簇生叶腋短小枝上成伞形总状花序；萼筒圆筒形，在子房上骤收缩，裂片宽三角形，顶端渐尖，内面疏生白色星状柔毛，包围子房的萼管椭圆形，被褐色鳞片；雄蕊的花丝极短或几无，花药椭圆形，淡黄色；花柱直立。果实椭圆形，密被褐色或银白色鳞片，成熟时红黄色。花期 6—10 月，果期次年 5—6 月。

【分布与生境】秦岭南北坡广泛分布，生于海拔 500—2000m 的山坡沟旁或林缘。耐寒，耐旱，适宜北半干旱山区生长。

【营养成分】披针叶胡颓子的果实富含 18 种氨基酸，包括 8 种人体必需的氨基酸；还含有 Fe、Mn、Zn、Cu、Mg 等微量元素、维生素以及糖和有机物等。

【采收与加工】披针叶胡颓子花期为上年的 6—10 月，果实次年 6 月成熟变成红黄色时采摘。

【资源开发与保护】披针叶胡颓子成熟果实可直接食用，且酸甜可口，具有很高的营养价值和保健作用，也开发成果茶、饮料。其根、叶、果均可入药。花中精油含量为 0.53%。

野果植物
牛奶子

Elaeagnus umbellata Thunb.
剪子果、甜枣
胡颓子科 Elaeagnaceae 胡颓子属植物

【形态特征】落叶灌木，高达4m。具刺；小枝甚开展，幼时密被银白色及黄褐色鳞片。叶纸质或膜质，椭圆形或倒卵状披针形，先端纯尖，基部圆或楔形，侧脉5—7对；叶柄银白色。先叶开花，芳香，黄白色，密被银白色盾形鳞片，常1—7花簇生新枝基部，单生或成对生于幼叶叶腋；萼筒漏斗形，在裂片下扩展，向基部渐窄，在子房之上略缢缩，裂片卵状三角形；花丝极短；花柱直立，疏生白色星状毛和鳞片，柱头侧生。果近球形或卵圆形，幼时绿色，被银白色或褐色鳞片，熟时红色。花期4—5月，果期7—8月。

【分布与生境】秦岭南北坡广泛分布，生于海拔500—2500m的干燥山坡、山沟，向阳的林缘、灌丛及河边沙地。耐寒，耐旱，适宜北半干旱山区生长。

【营养成分】果实富含糖类、有机酸、矿物质元素、粗蛋白、粗脂肪、多种维生素、多种氨基酸、番茄红素等营养物质。

【采收与加工】7—8月果实变红、变软时采收。

【资源开发与保护】牛奶子果实味酸甜，可生食，制果酒、果酱等。叶作土农药可杀棉蚜虫；果实、根和叶亦可入药。亦是观赏植物。

Hippophae rhamnoides L.
黄酸刺、醋柳、酸刺
胡颓子科 Elaeagnaceae 沙棘属

沙棘

【形态特征】落叶灌木或乔木，高 1—5m，棘刺较多，粗壮，顶生或侧生；嫩枝褐绿色，密被银白色而带褐色鳞片或有时具白色星状柔毛，老枝灰黑色，粗糙。单叶通常近对生，与枝条着生相似，纸质，狭披针形或矩圆状披针形，两端钝形或基部近圆形，基部最宽，上面绿色，初被白色盾形毛或星状柔毛，下面银白色或淡白色，被鳞片，无星状毛。单性花，雌雄异株；雌株花序轴发育成小枝或棘刺，雄株花序轴花后脱落；雄花先开放，生于早落苞片腋内，无花梗，花萼 2 裂，雄蕊 4，2 枚与花萼裂片互生，2 枚与花萼裂片对生，花丝短，花药矩圆形，雌花单生叶腋。果实为坚果，为肉质化的萼管包围，核果状，圆球形，橙黄色或橘红色。花期 4—5 月，果期 9—10 月。

【分布与生境】秦岭北坡及太白山有分布，常生于海拔 800—3600m 温带地区向阳的山嵴、谷地、干涸河床地或山坡，多砾石或沙质土壤或黄土上。

【营养成分】果实含有丰富的维生素及有机酸。果实干物质中含糖量达 64%。

【采收与加工】8—9 月间采收果实，连枝摘取，然后除去杂质。

【资源开发与保护】沙棘果实酸甜可食，可制果子露、果糕、果酱等食品，也可酿酒和供药用。种子可榨油。树皮含鞣质，可提制栲胶。沙棘根系发达，生长迅速，为防风固沙及水土保持的良好树种。

野果植物
枣

Ziziphus jujuba Mill.
枣树、大枣、红枣树、刺枣
鼠李科 Rhamnaceae 枣属植物

【形态特征】落叶小乔木，树皮褐色或灰褐色；有长枝，短枝和无芽小枝（即新枝）比长枝光滑，紫红色或灰褐色，呈之字形曲折，具 2 个托叶刺，长刺可达 3cm，粗直，短刺下弯，长 4—6mm；短枝短粗，矩状，自老枝发出；当年生小枝绿色，下垂，单生或 2—7 个簇生于短枝上。叶纸质，卵形、卵状椭圆形，或卵状矩圆形；顶端钝或圆形，具小尖头，基部稍不对称，近圆形，边缘具圆齿状锯齿，上面深绿色，下面浅绿色，基生三出脉；托叶刺纤细，后期常脱落。花黄绿色，两性，5 基数，具短总花梗，单生或 2—8 个密集成腋生聚伞花序；萼片卵状三角形；花瓣倒卵圆形，基部有爪，与雄蕊等长；花盘厚，肉质，圆形，5 裂；子房下部藏于花盘内，与花盘合生，2 室，每室有 1 胚珠，花柱 2 半裂。核果矩圆形或长卵圆形，成熟时红色，后变红紫色；中果皮肉质、厚、味甜；核顶端锐尖，基部锐尖或钝，2 室，具 1 或 2 种子；种子扁椭圆形。花期 5—7 月，果期 8—9 月。

【分布与生境】枣生长于海拔 1700m 以下的山区、丘陵或平原。秦岭有栽培。枣树耐旱、耐涝性较强，但开花期要求较高的空气湿度，否则不利授粉坐果。枣喜光性强，对光反应较敏感，对土壤适应性强，耐贫瘠、耐盐碱。

【营养成分】果实富含蛋白质、脂肪、糖、钙、磷、铁、镁及丰富的维生素 A、维生素 C、维生素 B_1、维生素 B_2、维生素 P 和胡萝卜素等。

【采收与加工】不同用途的枣果实，其采收适期的标准不同，应分别对待。一般加工蜜枣用的枣果，以白熟期为采收适期。作鲜食和加工乌枣、南枣和醉枣用的枣果，以脆熟期为采收适期。制干用的枣果，以完熟期采收最佳。采收时可采用手工采摘和振落采收。地势平坦的地区可用机械采收。果实采收分级后，鲜枣要进行入库冷藏，干制枣可进行人工烧烤干制。

【资源开发与保护】枣果实除供鲜食外，常可以制成蜜枣、红枣、熏枣、黑枣、酒枣及牙枣等蜜饯和果脯，还可以作枣泥、枣面、枣酒、枣醋等，为食品工业原料。红枣亦是著名的滋补强壮药品。枣树花期较长，芳香多蜜，为良好的蜜源植物。树可供雕刻，制车、造船、制作乐器。

野果植物

酸枣

045

Ziziphus jujuba Mill. var. *spinosa* (Bunge) Hu ex H. F. Chow. Fam.
棘、酸枣树
鼠李科 Rhamnaceae 枣属植物

【形态特征】落叶灌木或小乔木，高 1—4m；小枝呈之字形弯曲，紫褐色。酸枣树上的托叶刺有 2 种，一种直伸，长达 3cm，另一种常弯曲。叶互生，较小，叶片椭圆形至卵状披针形，长 1.5—3.5cm，宽 0.6—1.2cm，边缘有细锯齿，基部 3 出脉。花黄绿色，两性，5 基数，无毛，具短总花梗，2—3 朵簇生于叶腋。萼片卵状三角形；花瓣倒卵圆形，基部有爪，与雄蕊等长；花盘厚，肉质，圆形，5 裂；子房下部藏于花盘内，与花盘合生，2 室，每室有 1 胚珠，花柱 2 半裂。核果小，近球形或短矩圆形，直径 0.7—1.2cm，具薄的中果皮，味酸，核两端钝，熟时红褐色，味酸。花期 6—7 月，果期 8—9 月。

【分布与生境】秦岭南北坡均有分布，生长于海拔 1700m 以下的山区、丘陵或平原、野生山坡、旷野或路旁。已广为栽培。本种喜温暖干燥的环境，低洼水涝地不宜栽培，对土质要求不严，播后一般 3 年结果。

【营养成分】酸枣鲜果中含有维生素 C、维生素 E 及钾、钠、铁、锌、磷、硒等多种微量元素。酸枣仁（炒枣仁）含有三萜皂苷类、黄酮类、三萜类、生物碱类、脂肪及蛋白质、植物甾醇及皂苷。

【采收与加工】9—10 月，当果实呈红色时即可摘下。采摘可用竹竿打落。

【资源开发与保护】酸枣果实肉薄、味酸，但含有丰富的维生素 C、维生素 E，生食或制作果酱；酸枣的种子（酸枣仁）入药，有镇定安神之功效，主治神经衰弱、失眠等症；花芳香多蜜腺，为华北地区的重要蜜源植物之一；枝具锐刺，常用作绿篱。

野果植物
枳椇

Hovenia acerba Lindl.
拐枣、万字果、鸡爪树
鼠李科 Rhamnaceae 枳椇属植物

【形态特征】高大乔木，小枝褐色或黑紫色，有明显白色的皮孔。叶互生，厚纸质至纸质，宽卵形、椭圆状卵形或心形，顶端长渐尖或短渐尖，基部截形或心形，边缘常具整齐浅而钝的细锯齿，上部或近顶端的叶有不明显的齿。二歧式聚伞圆锥花序，顶生和腋生；花小，两性，白色或黄绿色；花瓣与萼片互生，生于花盘下，两侧内卷，基部具爪，雄蕊为花瓣抱持，花丝披针状线形，基部与爪部离生，背着药；花盘厚，肉质，盘状；子房上位，1/2—2/3 藏于花盘内，仅基部与花盘合生，花柱半裂。浆果状核果近球形，成熟时黄褐色或棕褐色；果序轴明显膨大；种子暗褐色或黑紫色。花期 5—7 月，果期 8—10 月。

【分布与生境】秦岭南北坡均有分布，生于海拔 2100m 以下的开旷地、山坡林缘或疏林中；庭院宅旁常有栽培。枳椇喜温暖湿润的气候。但不耐空气过于干燥，喜阳光充足、潮湿环境，生长适温 20—30℃，对土壤要求不严，酸性、碱性地均能生长，适应性较强。

【营养成分】肉质果柄含有 30%—40% 的糖（葡萄糖）和苹果酸钙、脂肪、蛋白质和维生素 C 等。

【采收与加工】霜降后采收肉质果柄。

【资源开发与保护】枳椇果梗肉质，肥厚扭曲，味甜可直接食用。果柄粉碎后加水可熬制果糖、饴膏，制饮料，发酵酿酒；果柄若制成果脯，经年保存完好的熟干果，风味更佳。树皮与种子入药。枳椇树干挺直，枝叶秀美，花淡黄绿色，果梗肥厚扭曲，是良好的园林绿化和观赏树种。

【形态特征】落叶乔木或灌木,无刺;叶互生,卵形或广卵形,先端急尖、渐尖或圆钝,基部圆形至浅心形,边缘锯齿粗钝,有时叶为各种分裂。花单性异株,腋生或生于芽鳞腋内,与叶同时生出;雄花序下垂,密被白色柔毛。雄花,花被片4枚,宽椭圆形,淡绿色,雄蕊4枚。雌花序穗状,雌花无梗,花被片4枚,倒卵形,覆瓦状排列,结果时增厚为肉质,无花柱,柱头2裂。聚花果(桑葚)卵状椭圆形,成熟时红色或暗紫色。花期4—5月,果期5—6月。

【分布与生境】秦岭南北坡广泛分布,生于海拔1000m左右的山坡疏林中,也常栽培于路旁、渠岸及住宅周围。桑喜温暖湿润气候,稍耐荫。

【营养成分】桑椹含糖、蛋白质、脂肪、糅酸、苹果酸及维生素A、维生素B_1、维生素B_2、维生素C、铁、钠、钙、镁、磷、钾、胡萝卜素和花青素。

【采收与加工】桑椹可鲜食或制成干品。鲜食时可采摘红色或黑色果实。制干的桑椹必须充分成熟,剔除果穗中的枯叶干枝,并用疏果剪除去霉烂或变色的不合格果粒,晾干或晒干。

【资源开发与保护】桑椹变红色时即可鲜食,味酸;果实老熟时色紫黑,多汁,味甜。成熟的桑椹也可酿酒、制作桑椹汁。桑树皮纤维柔细,可作纺织原料、造纸原料;根皮、果实及枝条入药。叶为养蚕的主要饲料,亦作药用,并可作土农药。木材坚硬,可制家具、乐器、雕刻等。

野果植物
鸡桑

Morus australis Poir.
小叶桑、集桑、山桑
桑科 Moraceae 桑属植物

【形态特征】落叶灌木或小乔木，树皮灰褐色，冬芽大，圆锥状卵圆形。叶卵形，先端急尖或尾状，基部楔形或心形，边缘具粗锯齿，不分裂或 3—5 裂，表面粗糙，密生短刺毛，背面疏被粗毛。花单性异株，腋生或生于芽鳞腋内，与叶同时生出。雄花序长 1—1.5cm，被柔毛，雄花绿色，具短梗，花被片卵形，花药黄色；雌花序球形，密被白色柔毛，雌花花被片长圆形，暗绿色，花柱很长，柱头 2 裂，内面被柔毛。聚花果短椭圆形，成熟时红色或暗紫色。花期 3—4 月，果期 4—5 月。

【分布与生境】秦岭南北坡均分布，生于海拔 1000—1700m 的山坡林下或灌木丛中。阳性，耐旱，耐寒，怕涝，抗风。

【营养成分】果实含糖、蛋白质、脂肪、糅酸、苹果酸及维生素 A、维生素 B_1、维生素 B_2、维生素 C、铁、钠、钙、镁、磷、钾、胡萝卜素和花青素。

【采收与加工】果实成熟时采收，去杂质，鲜食或新鲜加工，也可晾晒成干品。

【资源开发与保护】鸡桑果实成熟成红色或暗紫色可直接食用，也可酿酒或制作饮品。树皮纤维可制优质纸和人造棉；叶可为蚕饲料；根及根皮可药用。

【形态特征】落叶灌木，多分枝；树皮灰褐色，皮孔明显。叶互生，厚纸质，广卵圆形，长宽近相等，小裂片卵形，边缘具不规则钝齿，表面粗糙，背面密生细小钟乳体及灰色短柔毛，基部浅心形，基生侧脉3—5条，侧脉5—7对；托叶卵状披针形，红色。雌雄异株，雄花和瘿花同生于一榕果内壁，雄花生内壁口部，花被片4—5，雄蕊3，瘿花花柱侧生；雌花花被与雄花同，子房卵圆形，光滑，花柱侧生，柱头2裂，线形。榕果单生叶腋，大而梨形，顶部下陷，成熟时紫红色或黄色，基生苞片3，卵形；瘦果透镜状。花期5—7月，果期8—9月。

【分布与生境】秦岭南北坡均有栽培。喜温暖湿润气候，耐瘠，抗旱，不耐寒，不耐涝。以向阳、土层深厚、疏松肥沃、排水良好的砂质壤上或黏质壤土栽培为宜。

【营养成分】果实含蛋白质、氨基酸、糖类、膳食纤维、矿物质元素、有机酸等。花果含有丰富的蛋白质分解酶、脂酶、淀粉酶和氧化酶等酶类，它们都能促进蛋白质的分解。

【采收与加工】无花果果实一般在6—10月陆续成熟，采摘成熟的果实可作为鲜果销售，也可制成罐头、干果或蜜饯。

【资源开发与保护】无花果果实除作为果品外，其树势优雅，是庭院、公园的观赏树木，一般不用农药，是一种纯天然无公害树木。其叶片大，呈掌状裂，叶面粗糙，具有良好的吸尘效果，如与其他植物配置在一起，还可以形成良好的防噪声屏障。果实、根、叶均可药用。无花果适应性强，栽培管理容易，果实产量高，病虫害少，收效快。

野果植物
构树

Broussonetia papyrifera (Linn.) L'Hér. ex Vent.
褚桃、褚
桑科 Moraceae 构属植物

【形态特征】乔木，高 10—20m；树皮暗灰色；小枝密生柔毛。叶螺旋状排列，广卵形至长椭圆状卵形，先端渐尖，基部心形，两侧常不相等，边缘具粗锯齿，不分裂或 3—5 裂，小树之叶常有明显分裂，表面粗糙，疏生糙毛，背面密被绒毛，基生叶脉三出，侧脉 6—7 对。花雌雄异株；雄花序为柔荑花序，花被 4 裂，裂片三角状卵形，被毛，雄蕊 4，花药近球形，退化雌蕊小；雌花序球形头状，苞片棍棒状，花被管状，顶端与花柱紧贴，子房卵圆形，柱头线形，被毛。聚花果，成熟时橙红色，肉质；瘦果表面有小瘤。花期 4—5 月，果期 6—7 月。

【分布与生境】秦岭南北坡普遍分布，生于海拔 1500—1500m 的山坡、山谷、平原或村庄附近。喜光，适应性强，耐干旱瘠薄，也能生于水边，多生于石灰岩山地，也能在酸性土及中性土上生长；耐烟尘，抗大气污染力强。

【营养成分】果实中含有较丰富的氨基酸，人体必需的氨基酸占总氨基酸 31%，还含有各类矿物质元素和微量元素、类黄酮及红色素等。

【采收与加工】聚花果成熟呈橙红色时采收。鲜果可直接食用或进行发酵。

【资源开发与保护】构树果实可生食，也可酿酒。在果汁、饮料和水果罐头等方面具有较大的开发价值。树皮纤维细长，为造纸的上等原料；叶子可作为动物饲料。果实、根皮、叶、树皮及乳汁均可入药。

Debregeasia orientalis C. J. Chen
柳莓、水麻桑
荨麻科 Urticaceae 水麻属植物

水麻

【形态特征】灌木，高达 1—4m，小枝纤细，暗红色。叶纸质或薄纸质，干时硬膜质，长圆状狭披针形或条状披针形，先端渐尖或短渐尖，基部圆形或宽楔形，边缘有不等的细锯齿或细牙齿，上面暗绿色，常有泡状隆起，疏生短糙毛，钟乳体点状，背面被白色或灰绿色毡毛，在脉上疏生短柔毛，基出脉 3 条，其侧出 2 条达中部边缘，近直伸，二级脉 3—5 对；细脉结成细网，各级脉在背面突起。花序雌雄异株，生上年生枝和老枝的叶腋，2 回二歧分枝或二叉分枝，具短梗或无梗，每分枝的顶端各生一球状团伞花簇，雄的团伞花簇直径 4—6mm，雌的直径 3—5mm；花被片 4，在下部合生，裂片三角状卵形，背面疏生微柔毛；雄蕊 4；退化雌蕊倒卵形，在基部密生雪白色绵毛。雌花几无梗，

倒卵形，花被薄膜质紧贴于子房，倒卵形，顶端有 4 齿；柱头画笔头状，从一小圆锥体上生出一束柱头毛。瘦果小浆果状，倒卵形，鲜时橙黄色，宿存花被肉质紧贴生于果实。花期 4—6 月，果期 6—7 月。

【分布与生境】秦岭南坡有分布，生于海拔 400—1600m 的山坡向阳处、沟边或河床乱石滩中。

【营养成分】水麻果实可食用，亦可供于酿酒，做糖。

【采收与加工】夏秋季果实成熟时采收，鲜用或晒干。

【资源开发与保护】水麻也是一种常见的野生纤维植物，茎皮纤维优良，为麻代用品及人造棉原料。

栗

【形态特征】落叶乔木。树皮纵裂，无顶芽；叶互生，叶缘有锐裂齿，羽状侧脉直达齿尖，齿尖常呈芒状；托叶对生，早落。花单性同株；雄花序穗状，直立；花3—5朵聚生成簇，花被片圆形，淡黄褐色，花丝为花被的3倍，有退化子房。雌花生于枝条上部的雄花序基部，1—3朵聚生于壳斗状总苞内，壳斗球形。成熟壳斗具锐刺，瓣状开裂；坚果扁球形，暗褐色。花期4—6月，果期8—10月。

【分布与生境】秦岭南北坡广泛分布，生于海拔1000m左右的山坡或山沟中，有时成纯林群生。栗喜光，抗旱抗涝，耐瘠薄，适宜在含有机质较多通气良好的沙壤土上生长。

【营养成分】栗子除富含淀粉外，尚含单糖与双糖、胡萝卜素、硫胺素、核黄素、烟酸、抗坏血酸、蛋白质、脂肪、无机盐类等营养物质。

【采收与加工】10月待果实成熟后采收，果实成熟后不易脱落，但经日晒，人工敲打可脱去总苞。如食用应晒至失水30%—40%时再进行贮藏。

【资源开发与保护】栗坚果可生食或炒食，也可脱壳磨粉制糕点、豆腐等副食品。栗木的心材黄褐色，边材色稍淡，心边材界限不甚分明。纹理直，结构粗，坚硬，耐水湿，属优质材。壳斗及树皮富含没食子类鞣质。叶可作蚕饲料。

Quercus spinosa David ex Franch.
铁橡树
壳斗科 Fagaceae 栎属植物

刺叶高山栎

【形态特征】常绿乔木或灌木，冬芽具数枚芽鳞，覆瓦状排列。叶螺旋状互生，叶面皱褶不平，叶片倒卵形、椭圆形，顶端圆钝，基部圆形或心形，叶缘有刺状锯齿或全缘。花单性，雌雄同株；雄花序单生或簇生于当年生枝叶腋。花黄绿色；花被片 4，雄蕊 4 枚。雌花单生或簇生于当年生枝顶或上部叶腋内，花柱短，柱头 3 裂，子房 3 室，每室有 2 胚珠；壳斗（总苞）包着坚果一部分；坚果卵形至椭圆形。花期 5—6 月，果期翌年 9—10 月。

【分布与生境】秦岭南北坡均有分布，生于海拔 1300—2500m 的石质山梁、岩石裸露的峭壁上或山坡灌丛中。根怕积水，耐旱能力较强。

【营养成分】种子淀粉含量 40%，还含有蛋白质、多种氨基酸、单宁。

【采收与加工】果实成熟时采收，除去总苞后阴干或晒干。

【资源开发与保护】刺叶高山栎的种子可供食用，亦可作为酿酒原料。壳斗和树皮含单宁，可提制栲胶。

野果植物
野核桃

Juglans cathayensis Dode
野胡桃、山核桃
胡桃科 Juglandaceae 胡桃属植物

【形态特征】落叶乔木，高达20余m；树皮灰色。奇数羽状复叶，小叶15—23，椭圆形、长椭圆形、卵状椭圆形或长椭圆状披针形，具细锯齿，侧生小叶无柄，先端渐尖，基部平截或心形。雄葇荑花序长9—20cm，花序轴被短柔毛；雄蕊常12枚，花药黄色。雌穗状花序具4—10花，花被片披针形或线状披针形，柱头鲜红色。果序长10—15cm，俯垂，具5—7果。果球形、卵圆形或椭圆状卵圆形，顶端尖，密被腺毛，果核具8纵棱，2条较显著，棱间具不规则皱曲及凹穴，顶端具尖头。花期5月，果期9—10月。

【分布与生境】秦岭南北坡均有分布，生于海拔800—2000m的山谷或山坡。野核桃喜温暖湿润气候，土壤肥沃的地方。

【营养成分】含胡桃醌、黄酮苷和没食子酸。种子含油量30%—40%，果皮含黄色素。

【采收与加工】果实成熟后采收，集中堆放，上放柴草，以加快青皮腐烂，脱皮后洗净晒干。

【资源开发与保护】野核桃是重要的干果类果树资源，种仁含有丰富的营养价值，焙熟后美味可食。种子也可榨油，其脂肪酸主要为油酸、亚油酸和棕榈酸等，可用于加工各类糕点。木材坚实，经久不裂，可作各种家具。树皮和外果皮含鞣质，可作栲胶原料；内果皮厚，可制活性炭；树皮的韧皮纤维可作纤维工业原料。

Juglans regia L.
核桃
胡桃科 Juglandaceae 胡桃属植物

胡桃

【形态特征】落叶乔木，高 20—25m；树皮老时灰白色，浅纵裂。奇数羽状复叶；小叶通常 5—9 枚，椭圆状卵形至长椭圆形，顶端钝圆或急尖、短渐尖，基部歪斜、近于圆形，边缘全缘或在幼树上者具稀疏细锯齿，上面深绿色，下面淡绿色，侧脉 11—15 对。雄性葇荑花序下垂；雄花的苞片、小苞片及花被片均被腺毛；雄蕊 6—30 枚，花药黄色。雌性穗状花序通常具 1—3 雌花。雌花的总苞被极短腺毛，柱头浅绿色。果序短，俯垂，具 1—3 果实；果实近于球状；果核稍具皱曲，有 2 条纵棱，顶端具短尖头；隔膜较薄，内里无空隙；内果皮壁内具不规则的空隙或无空隙而仅具皱曲。花期 4—5 月，果期 9—10 月。

【分布与生境】秦岭南北坡广泛分布，生于海拔 2000m 以下的山坡、路旁、地畔、河边等地。胡桃性喜土壤深厚、肥沃湿润的沙质土壤。

【营养成分】种子含脂肪油、蛋白质、糖类，及钙、磷、铁、胡萝卜素、维生素 B_1、B_2、烟酸等成分；叶含挥发油、树胶、鞣质、没食子酸、氢化核桃叶酮。

【资源开发与保护】种仁含油量及多种营养素，可生食，亦可榨油食用；木材坚实，是很好的硬木材料。叶大荫浓，且有清香，也可用作庭荫树及行道树。

藏刺榛

Corylus ferox Wall. var. *thibetica* (Batal.) Franch.
刺榛、滇刺榛
桦木科 Betulaceae 榛属植物

【形态特征】乔木或小乔木．树皮灰黑色；小枝褐色，疏生柔毛，有时有密生刺毛状腺体；芽鳞几无毛。叶通常宽倒卵形，稀矩圆形，长 5—12cm，侧脉 8—14 对；叶柄长 1.5—2.5cm。雄花序 1—5 枚排成总状，花药紫红色。雌花序为头状；每个苞鳞内具 2 枚对生的雌花果 3—6 个簇生；总苞褐色，外面密生刺毛状腺体，针刺状裂片近无毛或仅在近基部有长柔毛；坚果扁球形，上端被短柔毛，长 1—1.5cm，直径约 1cm。花期 5 月，果期 9—10 月。

【分布与生境】秦岭南北坡均分布，生于海拔 1500—2500m 山坡杂木林内。喜光、喜湿润气候和肥沃、湿润的沙壤土。

【营养成分】藏刺榛种子含油和淀粉，含油量为 62.9%。脂肪酸主要组成有棕榈酸 3.4%、硬脂酸 1.7%、油酸 80.2%、亚油酸 14.7%。藏刺榛所榨的油属于干性油含有不饱和脂肪酸，为优质食油。

【采收与加工】刺榛果实成熟后，及时用镰刀割下果序，除去总苞和杂质，阴干或晒干。

【资源开发与保护】藏刺榛种子可作为干果食用。也可制肥皂、蜡烛及化妆品。藏刺榛果壳是制造活性炭的好原料。树皮和总苞中含单宁 8.5%—14.5%，可提制烤漆。藏刺榛叶含粗蛋白 15.9%，可养柞蚕和猪饲料。

Corylus chinensis Franch.
山白果、榛子
桦木科 Betulaceae 榛属植物

华榛

【形态特征】落叶乔木；树皮灰褐色，纵裂；枝条灰褐色。叶椭圆形、宽椭圆形或宽卵形，顶端骤尖至短尾状，基部心形，两侧显著不对称，边缘具不规则的钝锯齿。花单性，雌雄同株；雄花序每2—3枚8枚排成总状，生于上一年的侧枝的顶端，下垂；雄花无花被，具雄蕊4—8枚；雌花序为头状；每个苞鳞内具2枚对生的雌花，每朵雌花具1枚苞片和2枚小苞片，具花被；子房下位，2室；花柱2枚，柱头钻状。果苞管状，于果的上部缢缩。坚果球形。花期4—5月，果期9—10月。

【分布与生境】秦岭南北坡均分布，生于海拔1400—2000m山坡和山沟的阔叶林中。喜温凉、湿润的气候环境和肥沃、深厚、排水良好的中性或酸性的山地黄壤和山地棕壤华。

【营养成分】华榛种子含有蛋白质、脂肪、糖类外，胡萝卜素、维生素 B_1、维生素 B_2、维生素 E及人体所需的8种氨基酸，其含量远远高过核桃；其微量元素如钙、磷、铁含量也高于其他坚果。

【采收与加工】华榛种子的采收方式分为人工采收与机器采收，树型较矮的，可直接以手采摘，采收时可连同果苞一同采下，采后集中运到堆果场脱苞。树型较高的，可以设法振动华榛树大枝，使种子落地，再集中收集起来；也可待其自然熟透让果实脱苞落地，再拣拾集中起来。

【资源开发与保护】华榛为中国特有的稀有珍贵树种，种子可食。华榛木材质地坚韧，树于端直，纹理致密，结构细，质坚韧，可供建筑和做家具、农具与胶合板用，为优良果材兼用树种。

【形态特征】落叶灌木或小乔木。树皮灰色；枝条暗灰色。叶长圆形或倒卵形，先端骤尖、尾状或近平截，基部心形，具不规则重锯齿或浅裂，叶脉3—7对。花单性，雌雄同株；雄花序2—5簇生，下垂，苞片紫褐色，密被柔毛，雄蕊8枚，花药黄色。雌花序2—6成头状；苞片钟状，具纵肋，密被柔毛，近基部具刺状腺体，顶端裂片三角状卵形；雌花花柱丝状，紫色，外露。果苞钟状，外面具细条棱。坚果近球形。花期3—4月，果期9—10月。

【分布与生境】秦岭南北坡普遍分布，生于海拔700—2300m山坡上和多石的沟谷两岸及林缘。榛适应性强，抗寒耐旱，喜光。在土层厚、湿润、排水良好的微酸性土壤中生长良好。

【营养成分】榛子果仁含脂肪51.4%—66.4%，蛋白质17.32%—25.92%，糖类6.6%，水分2.8%—5.8%及多种维生素、矿物质和氨基酸。榛油中溶解有维生素C，维生素E，维生素B等。

【采收与加工】榛果成熟后，及时用镰刀割下果序，除去总苞和杂质，及时进行阴干或晒干处理，达到全干状态时才能运输贮藏和加工。

【资源开发与保护】榛子果仁是著名的世界四大干果之一。每100kg榛果实可出榛仁30kg，榨油15kg。榛仁可炒食或加工榛子乳、榛子粉等，也是巧克力，糖果，糕点等加工食品的优质原料。榛仁还可入药。油粕可作饲料或肥料，果壳是制活性炭的原料。树皮及果苞含单宁(8.5%—14.5%)可制鞣皮物质和烤胶，榛叶可养蚕。木材可用制手杖，伞柄等。

【形态特征】落落叶灌木或小乔木。高 1—7m；树皮暗灰色；小枝黄褐色，密被短柔毛兼被疏生的长柔毛。叶的轮廓为矩圆形或宽倒卵形，长 4—13cm，宽 2.5—10cm，顶端凹缺或截形，中央具三角状突尖，基部心形，有时两侧不相等，边缘具不规则的重锯齿，中部以上具浅裂，侧脉 3—5 对。雄花序单生，长约 4cm。果单生或 2—6 枚簇生成头状；果苞钟状，外面具细条棱，密被短柔毛兼有疏生的长柔毛，密生刺状腺体，较果长但不超过 1 倍，上部浅裂，裂片三角形，边缘全缘，坚果近球形，长 7—15mm。坚果近球形。花期 3—4 月，果期 9—10 月。

【分布与生境】秦岭南北坡普遍分布，生于海拔 700—2300m 山坡上和多石的沟谷两岸及林缘。榛适应性强，抗寒耐旱，喜光。在土层厚、湿润、排水良好的微酸性土壤中生长良好。

【营养成分】榛子果仁含脂肪 51.4%—66.4%，蛋白质 17.32%—25.92%，糖类 6.6%，水分 2.8%—5.8% 及多种维生素、矿物质元素和氨基酸。榛油中溶解有维生素 C、维生素 E、维生素 B 等。

【采收与加工】榛果成熟后，及时用镰刀割下果序，除去总苞和杂质，及时进行阴干或晒干处理，达到全干状态时才能运输贮藏和加工。

【资源开发与保护】榛子果仁是著名的世界四大干果之一。每 100kg 榛果实可出榛仁 30kg，榨油 15kg。榛仁可炒食或加工榛子乳、榛子粉等，也是巧克力，糖果，糕点等加工食品的优质原料。榛仁还可入药。油粕可作饲料或肥料，果壳是制活性炭的原料。树皮及果苞含单宁 (8.5%—14.5%) 可制鞣皮物质和烤胶，榛叶可养蚕。木材可用制手杖，伞柄等。

野果植物

菱

Trapa bispinosa Roxb.
苔菱、菱角
千屈菜科 Lythraceae(菱科 Trapaceae) 菱属植物

【形态特征】一年生浮水水生草本。根二型：着泥根细铁丝状，着生水底水中；同化根，羽状细裂，裂片丝状。茎柔弱分枝。叶二型：浮水叶互生，聚生于主茎或分枝茎的顶端，呈旋叠状镶嵌排列在水面成莲座状的菱盘，叶片菱圆形或三角状菱圆形，表面深亮绿色，面灰褐色或绿色，主侧脉在背面稍突起，间有棕色斑块，叶边缘中上部具不整齐的圆凹齿或锯齿，边缘中下部全缘，基部楔形或近圆形；叶柄中上部膨大不明显，沉水叶小，早落。花小，单生于叶腋两性；萼筒 4 深裂，外面被淡黄色短毛；花瓣 4，白色；雄蕊 4；雌蕊，具半下位子房，2 心皮，2 室；花盘鸡冠状。果三角状菱形，2 肩角直伸或斜举，内具 1 白种子。花期 5—10 月，果期 7—11 月。

【分布与生境】生于湖湾、池塘、河湾。

【营养成分】菱果肉含淀粉 24%、蛋白质 3.6%、脂肪 0.5%。多种维生素和微量元素。

【采收与加工】成熟果实紫黑，也称为菱角，垂生于密叶下水中，必须全株拿起来倒翻，才可以看得见。果实秋后成熟，变黑、变硬，初期浮于水面，如不采摘则渐渐从茎上脱落沉于水底。采收时注意轻提菱盘，轻摘菱角，采后放平，以免损伤。

【资源开发与保护】菱果实可生吃，以嫩菱为上品，质鲜爽口；熟食则以老菱为上乘，肉质雪白如玉。

Punica granatum L.
安石榴、山力叶
千屈菜科 Lythraceae（石榴科 Punicaceae）石榴属植物

石榴

【形态特征】落叶灌木或乔木，高通常 3—5m，枝顶常成尖锐长刺，幼枝具棱角，老枝近圆柱形。叶通常对生，纸质，矩圆状披针形，顶端短尖、钝尖或微凹，基部短尖至稍钝形，上面光亮，侧脉稍细密；叶柄短。花大，1—5 朵生枝顶；萼筒长 2—3cm，通常红色或淡黄色，裂片略外展，卵状三角形，外面近顶端有 1 黄绿色腺体，边缘有小乳突；花瓣通常大，5—9 枚，红色、黄色或白色，多皱褶，覆瓦状排列，顶端圆形；雄蕊多数，生萼筒内壁上部，花丝分离；多数花柱长超过雄蕊。浆果近球形，通常为淡黄褐色或淡黄绿色，果皮厚；种子多数，种皮外层肉质，内层骨质。花期 5—6 月，果期 9—10 月。

【分布与生境】秦岭南北坡均有分布，生于海拔 300—1000m 的山上。喜温暖向阳的环境，耐旱、耐寒，也耐瘠薄，不耐涝和荫蔽。对土壤要求不严，但以排水良好的夹沙土栽培为宜。

【营养成分】石榴肉质外种皮含大量的有机酸、糖类、蛋白质、脂肪、维生素以及钙、磷、钾等矿物质元素。

【采收与加工】秋季，果皮由绿变黄，或充分着色，果面出现光泽，果棱显现时可采收。

【资源开发与保护】石榴肉质外种皮多汁，甜而带酸可直接食用，也可制作果汁、果酒。石榴的根、叶和花均可药用。石榴树姿优美，枝叶秀丽，初春嫩叶抽绿，婀娜多姿；盛夏繁花似锦，色彩鲜艳；秋季累果悬挂，为重要的观赏植物。

野果植物
四照花

Dendrobenthamia japonica (DC.) Fang var. *chinensis* (Osborn.) Fang

山茱萸科 Cornaceae 四照花属植物

【形态特征】落叶小乔木或灌木，小枝灰褐色。叶对生，纸质，卵形、卵状椭圆形或椭圆形，先端急尖为尾状，基部圆形，表面绿色，背面粉绿色，叶脉羽状弧形上弯，侧脉4对—5对。头状花序近顶生，具花20—30朵，总苞片4个，大形，黄白色，花瓣状，卵形或卵状披针形；花萼筒状4裂，花瓣4，黄色；雄蕊4，子房下位2室。聚花果球形，红色。花期5—6月，果期9—10月。

【分布与生境】秦岭南北坡均有分布，生于海拔600—2200m的林内及阴湿溪边。喜温暖气候和阴湿环境，适生于肥沃而排水良好的土壤。

【营养成分】四照花鲜果含维生素C24.5mg/100g、蛋白质0.49%、总糖6.25%、19种游离氨基酸37.15mg/100g、20种水解氨基酸439.85mg/100g、总氨基酸445.27mg/100g。

【采收与加工】四照花聚花果秋季成熟变红时采收。

【资源开发与保护】四照花聚花果甜中带酸可鲜食，也可酿酒和制醋。四照花的果实、叶、花和根均可入药。树形美观、整齐，初夏开花，白色苞片覆盖全树，苞片美观而显眼，颇富观赏价值。

Diospyros lotus L.
软枣、黑枣、牛奶柿
柿科 Ebenaceae 柿属植物

野果植物

君迁子

063

【形态特征】落叶乔木。小枝褐或棕色，平滑或有黄灰色柔毛。冬芽窄卵圆形，叶近膜质，椭圆形或长椭圆形，先端渐尖或尖，基部宽楔形或近圆，上面深绿色，有光泽，下面绿或粉绿色，侧脉 7—10 对。花单性，雌雄异株；雄花腋生、单生或 2—3 花簇生；花萼钟形，4 裂，稀 5 裂，裂片卵形，内面有绢毛，有睫毛；花冠壶形，带红色或淡黄色；雄蕊 16，子房退化。雌花单生，淡绿色或带红色；花萼 4 深裂至中部；花冠壶形，4 裂，裂片近圆形，反曲；退化雄蕊 8，8 室，花柱 4。果近球形或椭圆形，成熟时蓝黑色，常被白色薄蜡层；宿萼片卵形。花期 5—6 月，果期 10—11 月。

【分布与生境】秦岭南北坡普遍分布，生于海拔 400—1400m 的山地、山坡、山谷的灌丛中，或在林缘。为阳性树种，能耐半荫，枝叶多呈水平伸展，抗寒抗旱的能力较强，也耐瘠薄的土壤，生长较速，寿命较长。

【营养成分】糖类，蛋白质，维生素 A、B、C，钙、铁、镁、钾等矿物质元素，膳食纤维，果胶。

【采收与加工】10—11 月果实成熟期适时收采，分别晾晒。君迁子可以加工成果干、果脯、罐头，果丹皮等。君迁子干的制作，选已脱涩（呈紫褐色）而又含水分较少的葡萄枣，洗净后放 65℃ 的烘干箱中，蒸发掉游离水，口味甘甜清脆，即成紫褐色的君迁子干。

【资源开发与保护】君迁子性平，味甘、涩。止渴，除痰。治消渴。君迁子树的嫩叶含维生素 C 高达 1148mg/100g，在新陈代谢中，能阻止致癌物的形成。君迁子是研制多种食品饮料，药剂的理想原料。君迁子树干挺直，树冠圆整，是良好的庭园树。

【形态特征】落叶乔木，高达 14m。冬芽卵圆形，先端钝。叶纸质，卵状椭圆形、倒卵形或近圆形，新叶疏被柔毛，老叶上面深绿色，有光泽，下面绿色，中脉在上面凹下，有微柔毛，侧脉 5—7 对。花雌雄异株，聚伞花序腋生。雄花序弯垂，有 3 花；雄花长 0.5—1cm，花萼钟状，4 深裂，裂片卵形，花冠钟形，不长过花萼 2 倍，黄白色，4 裂，裂片卵形或心形，开展；雄蕊 16—24；退化子房微小。雌花单生叶腋，花萼绿色，4 深裂，萼管近球状钟形，肉质，裂片开展，宽卵形或半圆形；花冠淡黄白色或带紫红色，壶形或近钟形，较花萼短小，4 裂，冠管近四棱形，裂片卵形；退化雄蕊 8。果球形、扁球形、方球形或卵圆形，基部常有棱，成熟后黄或橙黄色，果肉柔软多汁，橙红或大红色，有数粒种子；宿存花萼方形或近圆形。种子褐色，椭圆状，侧扁。花期 5—6 月，果 9—10 月。

【分布与生境】秦岭南北坡普遍栽培，生于海拔 500—1500m 的山坡或住宅旁。柿喜温暖气候，充足阳光和深厚、肥沃、湿润、排水良好的土壤，适生于中性土壤，较能耐寒，但较能耐瘠薄，抗旱性强，不耐盐碱土。

【营养成分】柿子（果实）含有丰富的蔗糖、葡萄糖、果糖、蛋白质、胡萝卜素、维生素 C、瓜氨酸、碘、钙、磷、铁、果胶和膳食纤维。未成熟的柿子含鞣质。

【采收与加工】果实供鲜食的软柿，在果皮由黄转红时采收；供鲜食脆柿的，在果皮转黄时略早采收；供制饼用的则在果皮梢转红色而肉质未软化前采收。供贮藏用的柿果应提前在果面绿色褪去而肉质硬脆时采收。涩柿刚采下时，果实内含有多量可溶性单宁物质，涩味很重，不能食用。需经人工脱涩处理。脆柿脱涩多用 40—50℃的温水或 1：10 的石灰水在缸内浸没柿果，然后密封缸口，加以保温。经 1—3 天即能脱涩。

【资源开发与保护】成熟的柿果实除鲜食外，也可制作柿酒、柿醋，或做成柿饼。柿饼外的糖霜及柿蒂均可入药。柿树寿命长，可达 300 年以上。叶片大而厚。秋季柿果红彤彤，外观艳丽诱人；到了晚秋，柿叶也变成红色，此景观极为美丽，是园林绿化和庭院经济栽培的最佳树种之一。

Actinidia polygama (Sieb. et Zucc.) Maxim.
葛枣、木天蓼
猕猴桃科 Actinidiaceae 猕猴桃属植物

葛枣猕猴桃

【形态特征】大型落叶藤本；着花小枝细长；髓白色，实心。叶膜质（花期）至薄纸质，卵形或椭圆卵形，顶端急渐尖至渐尖，基部圆形或阔楔形，边缘有细锯齿，腹面绿色，有时前端部变为白色或淡黄色，背面浅绿色，叶脉比较发达，在背面呈圆线形，侧脉约7对，其上段常分叉，横脉颇显著，网状小脉不明显。雌雄异株，雄花序为聚伞花序，具花1—3朵，花白色，芳香，雄蕊多数，花药黄色，具退化子房。雌花单生，花瓣5，具多数不育雄蕊，子房上位，瓶状，多室，有中轴胎座，胚珠多数，倒生，花柱与心皮多数，通常外弯压成放射状。果成熟时淡橘色，卵珠形或柱状卵珠形，无毛，无斑点，顶端有喙，基部有宿存萼片。花期6—7月，果熟期9—10月。

【分布与生境】秦岭南北坡均有分布，生于海拔1000—1600m的林缘、山麓、河岸等处的灌丛中。

【营养成分】果实富含维生素C，丰富的矿物质元素P、K、Ca、Mg、Fe、Zn和Se等，以及糖类、脂肪酸和多种氨基酸。

【采收与加工】9月份果实成熟时采收。

【资源开发与保护】葛枣猕猴桃果实既可直接食用，也可酿酒、榨汁或制作干果；叶和芽则可制茶饮用；果实、茎和叶还具有较高的药用价值。此外，葛枣猕猴桃果实具有降血压及抗氧化等功能，果实提取物还能致某些癌细胞死亡。

野果植物
狗枣猕猴桃

Actinidia kolomikta (Maxim. & Rupr.) Maxim.
狗枣子、深山木天寥
猕猴桃科 Actinidiaceae 猕猴桃属植物

【形态特征】大型落叶藤本；小枝紫褐色，髓心褐色，片层状，皮孔较显著。叶薄纸质，阔卵形至长方倒卵形，顶端急尖至短渐尖，基部心形至截形，两侧不对称，边缘具锯齿。聚伞花序，雄花序花 3 朵，雌花常单生。花白色或粉红色，芳香；花瓣 5，长方倒卵形。果柱状长圆形至球形，果皮成熟时淡橘红色，并有深色的纵纹。花期 6—7 月，果熟期 9—10 月。

【分布与生境】秦岭南北坡均有分布，生于海拔 1000—2300m 的山地混交林或水边灌丛中。耐寒。

【营养成分】狗枣猕猴桃果实有机酸、蛋白质、脂肪、多种糖类、果胶、三萜类、黄酮类、糖类、挥发油及大量游离氨基酸等成分，维生素 C 以及钙、钾、硒、锌、锗等人体所需的微量元素和 17 种氨基酸。

【采收与加工】9—10 月果实成熟时采收。

【资源开发与保护】狗枣猕猴桃果实味道比较鲜美，酸、甜味道比较适口，除直接食用外，还可加工成果汁、果脯、果酒、果干、果酱等，利用天然无污染的野生狗枣猕猴桃生产出较高品质的果酒。

Actinidia melanandra Franch.
黑蕊羊桃
猕猴桃科 Actinidiaceae 猕猴桃属植物

黑蕊猕猴桃

【形态特征】落叶藤本。小枝无毛，皮孔不明显；髓心灰褐色，片层状。叶坚纸质，椭圆形或卵圆形，先端骤尖或短渐尖，基部楔形、圆或平截，具细齿，下面微被白粉，脉腋具髯毛，叶脉不明显。雄聚伞花序具 3—5 花，雌花单生，白色，萼片 5，卵形或长方状卵形，缘毛流苏状，花瓣 5，匙状倒卵形花药黑色；子房瓶状，花柱丝状，多数。浆果瓶状卵圆形，无斑点，顶端有喙，基部萼片早落。花期 5—7 月，果期 9—10 月。

【分布与生境】秦岭南北坡均有分布，生于海拔 1000—1600m 的山沟路旁及山谷丛林中。

【营养成分】黑蕊猕猴桃果实有机酸、蛋白质、脂肪、多种糖类、果胶及丰富的维生素 C 和花青素。

【采收与加工】9—10 月果实成熟时采收。

【资源开发与保护】黑蕊猕猴桃果肉细腻，味道鲜美，酸、甜度适口，可直接食用。野生黑蕊猕猴桃还存在紫果型，可作为培育紫果型猕猴桃的优良种质资源。

【形态特征】落叶灌木，高 1—3m；茎多分枝，幼枝淡褐色，密被短柔毛，生花的枝条细而短，呈左右曲折，老枝褐色。叶多数，散生枝上，生花的枝条上叶较小，向上愈加变小，营养枝上的叶向上部变大，叶片纸质，卵形、卵状长圆形或长圆形，顶端锐尖或急尖，明显具小短尖头，基部楔形、宽楔形至圆形，边缘全缘。花单生叶腋，有时由于枝条上部叶片渐变小而呈苞片状，在枝端形成假总状花序；花梗极短，密被毛；小苞片 2，花期宽三角形，结果时通常变披针形；萼筒无毛，萼齿 5，宽三角形；花冠黄绿色，钟状，5 浅裂，裂片三角形，顶端反折；雄蕊 10 枚，短于花冠，药室背部无距，药管与药室近等长。浆果球形，略呈扁压状，直径 7—9mm，熟时紫黑色。花期 6—7 月，果期 9—10 月。

【分布与生境】秦岭南坡均有分布，生于海拔 1000—1700m 的山坡或山谷灌丛中。较喜光树种，喜生于半阳坡、半阴坡，生长在峡谷和荫蔽密林中的。深根性树种，根系扩展，须根发达，萌芽力强，对土壤一般要求不严，能在比较瘠薄的山地、沟坡、河滩及地堰、石缝里生长。

【营养成分】无梗越桔与蓝莓（越桔）同属越桔属，紫黑色果实富含糖、有机酸、维生素外，还含有黄酮类化合物、熊果酸及色素等特殊成分。果实可鲜食。

【采收与加工】9—10 月果实成熟时采收。

【资源开发与保护】无梗越桔枝及叶可药用，具有能祛风除湿、消肿之功效。也可作为嫁接蓝莓的砧木。

Physalis alkekengi L. var. *franchetii* (Mast.) Makino
酸浆、天泡、锦灯笼、泡草、红姑娘
茄科 Solanaceae 酸浆属植物

挂金灯

【形态特征】多年生草本。叶长卵形或宽卵形，先端渐尖，基部不对称窄楔形、下延至叶柄，全缘波状或具粗牙齿。花单生叶腋或枝腋。花萼钟状，5 浅裂或中裂，果时膀胱状，全包浆果，具 10 纵肋，5 棱或 10 棱，膜质或革质，顶端闭合，基部常凹下；花冠白，辐状；雄蕊 5，较花冠短，生于花冠近基部，花丝基部宽，子房 2 室，柱头 2 浅裂；胚珠多数。浆果球状，橙红色，柔软多汁。花期 5—9 月，果期 6—10 月。

【分布与生境】秦岭南北坡普遍分布，生于海拔 500—1500m 的山坡路旁、河坝及草丛中。喜温，喜光，耐寒，喜肥沃、排水良好的腐殖性土壤，怕涝。

【营养成分】挂金灯带宿萼的果实富含柠檬酸、草酸、维生素 C、类胡萝卜素成分、酸浆果红素及酸浆甾醇 A、B 等。另外，糖类、黄酮类物质、蛋白质，维生素含量也较高。

【采收与加工】秋季果实成熟、宿萼呈红色或红黄色时摘下。

【资源开发与保护】挂金灯是我国历史上特有的药食两用保健型多年生草本野生水果。果实味甘微酸，可直接食用。也可作原料加工成果汁、果酒、罐头。挂金灯带宿萼的果实入药。红色萼片能提取色素。

野果植物

枸杞

Lycium chinense Mill.
枸杞菜、狗牙根
茄科 Solanaceae 枸杞属植物

【形态特征】落多分枝灌木，高达 1m。枝条细弱，弯曲或俯垂，淡灰色，具纵纹，小枝顶端成棘刺状。叶卵形、卵状菱形、长椭圆形或卵状披针形，先端尖，基部楔形。花常 1—4 朵簇生于叶腋，花梗细，花萼钟状；花冠漏斗状，淡紫色，冠筒向上骤宽，较冠檐裂片稍短或近等长，5 深裂，裂片卵形，平展或稍反曲，具缘毛，基部耳片显著；雄蕊稍短于花冠，花丝近基部密被一圈绒毛，并成椭圆状毛丛，与毛丛等高处花冠筒内壁密被一环绒毛花柱稍长于雄蕊。浆果卵圆形，红色。种子扁肾形，黄色。花期 5—9 月，果期 8—11 月。

【分布与生境】秦岭南北坡普遍分布，生于海拔 250—1500m 的山坡、路旁、河岸和宅旁。枸杞根系发达、抗旱、抗寒能力强，耐盐碱。

【营养成分】枸杞果实中除含有枸杞多糖，枸杞色素，甜菜碱等主要活性成分外，还含有柠檬酸、氨基酸、维生素 C、醛糖、果胶、还原糖、粗脂肪，以及 Mn、Mg、Co、Ca、Na、Zn、Cu 等微量元素。

【采收与加工】6—11 月果实陆续红熟，分批采收，采摘的鲜果摊在芦蓆上，放阴凉处晾至皮皱，然后曝晒至果皮起硬，果肉柔软时去果柄，再晒干。

【资源开发与保护】枸杞子为"药食两用"品种，枸杞子除药用外，可以加工成各种食品、饮料、保健酒、保健品等等。在煲汤或者煮粥的时候也经常加入枸杞。嫩叶可作蔬菜。

【形态特征】落叶灌木，高 1.5—3m；当年小枝连同芽、叶柄和花序均密被土黄色或黄绿色开展的小刚毛状粗毛及簇状短毛，二年生小枝暗紫褐色。叶纸质，宽倒卵形、倒卵形或宽卵形，顶端急尖，基部圆形至钝形或微心形，有时楔形，边缘有牙齿状锯齿，齿端突尖，侧脉 6—8 对，直达齿端，上面凹陷，下面明显凸起。复伞形式聚伞花序稠密，生于具 1 对叶的短枝之顶，总花梗长 1—2cm，第一级辐射枝 5 条，花生于第三至第四级辐射枝上；萼筒狭筒状，有暗红色微细腺点，萼齿卵形；花冠白色，辐状，裂片圆卵形；雄蕊明显高出花冠，花药小，乳白色，宽椭圆形；花柱高出萼齿。果实红色，椭圆状卵圆形；核扁，卵形。花期 5—6 月，果熟期 7—10 月。

【分布与生境】秦岭南北坡均有分布，生于海拔 900—2300m 的山坡疏林下或灌丛中。喜光，喜温暖湿润，也耐阴，耐寒，对气候因子及土壤条件要求不严，最好是微酸性肥沃土壤栽培。

【营养成分】荚蒾果实含有糖、有机酸、维生素 C、15 种氨基酸、蛋白质、原花青素和黄酮等营养物质。果可食，亦可酿酒。

【采收与加工】7—10 月果实陆续红熟，分批采收，果可食，亦可酿酒。

【资源开发与保护】荚蒾枝条的韧皮纤维可制绳和人造棉。种子含油 10.03%—12.91%，可制肥皂和润滑油。枝叶药用，具有清热解毒，疏风解表，用于疔疮发热，风热感冒；外用治过敏性皮炎。荚蒾枝叶繁茂，树冠球形；叶形美观，入秋变为红色；开花时节，纷纷白花布满枝头；果熟时，累累红果，令人赏心悦目，是制作盆景的好材料。

野果植物

聚花荚蒾

Viburnum glomeratum Maxim.
丛花荚蒾、球花荚蒾
五福花科（Adoxaceae）荚蒾属植物

【形态特征】落叶灌木或小乔木，高达 3m；当年小枝、芽、幼叶下面、叶柄及花序均被黄色或黄白色簇状毛。叶纸质，卵状椭圆形、卵形或宽卵形，顶钝圆、尖或短渐尖，基部圆或多少带斜微心形，边缘有牙齿，侧脉 5—11 对，与其分枝均直达齿端。聚伞花序直径 3—6cm，总花梗长 1—2.5cm，第一级辐射枝 5—7 条；萼筒被白色簇状毛，萼齿卵形，与花冠筒等长或为其 2 倍；花冠白色，辐状，裂片卵圆形，长约等于或略超过筒；雄蕊稍高出花冠裂片，花药近圆形。果实红色，后变黑色；核椭圆形。花期 4—5 月，果熟期 6—8 月。

【分布与生境】秦岭南北坡普遍分布，生于海拔 1500—3000m 的山坡疏林下、灌丛或草地。

【营养成分】聚花荚蒾果实含有糖、有机酸、维生素、氨基酸、蛋白质、花青素等营养物质。果可食，亦可酿酒。

【采收与加工】6—8 月果实红熟，分批采收，果可食，亦可酿酒。

【资源开发与保护】聚花荚蒾在秦岭野生资源量大，为较好的观花、观果植物。其根可入药，具有祛风除热，散瘀活血之功效。

野菜植物

　　野菜植物，又称野生蔬菜，指植物体的幼苗、幼嫩茎叶或根茎可以食用的野生植物。野菜营养丰富，含有糖类、脂肪、蛋白质、矿物质元素和维生素等多种人体必需的营养成分。许多野菜的营养成分（如胡萝卜素、核黄素等）含量甚至高于一般的栽培蔬菜；有些野菜还具有药用价值，可以作为食疗材料，经常食用，可以防病、治病，促进人体健康；而且野菜生长在自然环境中，未受到化肥、农药的污染，是天然绿色食品，具有很大的潜在消费市场。

　　随着生活水平的提高，越来越多的人喜欢食用野菜植物。野菜植物正由原来的季节性自采自食，逐渐走向市场化和产业化，即野菜植物正成为一种商品蔬菜而走向市场，并通过人工高效栽培实现产业化。野菜植物的高效栽培已逐渐成为农业经济发展中的新兴的农业特色产业，也是一项兴农富民的新技术。

　　野菜植物根据食用部位可分为四类：食用根和块根类，如野葛、天门冬等；食用茎类，包括嫩茎叶、嫩茎、嫩枝芽、茎尖、块茎、球茎、鳞茎、根状茎、笋体等，如马兰、反枝苋、香椿等；食用叶类，如乌蔹莓、苦荬菜等；食用花类，包括花、花蕾、花序、花葶和嫩花序等，如刺槐、白玉等；食用苗类，包括牛膝、碎米荠等。

　　新鲜的野菜植物可直接出售。幼嫩时口感脆嫩，可直接食用或焯后食用，亦可炒、炖及掺在其他食物中共食。也可制作罐头，经浸、焯、淹、防腐等一系列处理，制成软包装，可延长保质期。

　　经初步统计，全国野生蔬菜有 300 多种，利用较多的有 100 多种。秦岭有野生蔬菜 140 多种，隶属 61 科，多集中于 400—2000m 的中高海拔地区。大部分野菜在秦岭分布很广，例如：蕨菜、马齿苋、荠和地肤等。但也有几种野生蔬菜在秦岭分布很少。例如芝麻菜仅分布于秦岭的西段。

　　秦岭民间食用野生蔬菜和以野生蔬菜防治疾病的历史悠久，并积累了许多野生蔬菜食用和药用的经验，但对野生蔬菜的营养价值、药用价值的研究和深加工产品的开发才刚刚起步。目前秦岭野生蔬菜的利用还是以农户自采自食，或少量进入市场为主，在各原料产地也有较少、规模较小的野菜加工厂。野生蔬菜制品还是以干、腌品为主，产品形式单一，在市场上无竞争力，很难形成野生蔬菜产业化。目前，秦岭开发利用较多的野生蔬菜种类主要有蕨菜、薇菜、香椿、荠菜和水芹等一些传统品种，开发利用的产品主要有保鲜菜、野菜干、罐头制品和盐渍品等。但秦岭野生蔬菜的开发还未形成规模，已开发产品的技术含量较低，开发产品主要限制在保鲜菜、即食菜、干制品和腌制品等传统的初级加工品方面。而对其生理活性物质和精深加工产品等方面的研究与生产甚少。

野生蔬菜虽然具有较高的营养价值，但食用方法不当，也会对人体造成危害。如有些野生蔬菜应熟食，而不能生食。例如马蹄香、龙葵。有些野生蔬菜，由于本身含有一些单宁、硝酸盐、生物碱、皂苷等。例如龙葵、黎等，吃时要用热水煮沸，凉水漂浸，以免造成中毒。

野生蔬菜多生于荒坡野岭，深山密林，长期处于自然野生状态。在过去小规模采集情况下，尚维持一种生态平衡状态。随着社会工业化的发展，处于荒野且环境未遭到破坏和污染的地域越来越少。使野生蔬菜的正常生长受到威胁。使其不符合健康的食用标准。过度的采摘，也是造成资源破坏的重要因素。珍稀的野生蔬菜种类或品种，常由于过度采摘而使种源处于灭绝的边缘。即使是数量特别多的种类，不合理的采集也会造成再生产的困难。野生蔬菜是一种宝贵的植物资源，为了促使野生蔬菜的开发利用进入良性循环，人们必须加强环境意识，树立起可持续发展的思想观念。

Euryale ferox Salisb.
头米、鸡头莲、鸡头荷、刺莲藕、假莲藕
睡莲科 Nymphaeaceae 芡属植物

芡实

【形态特征】一年生大型水生草本。沉水叶箭形或椭圆肾形，两面无刺；叶柄无刺；浮水叶革质，椭圆肾形至圆形，盾状，全缘，下面带紫色，两面在叶脉分枝处有锐刺；叶柄及花梗粗壮，皆有硬刺。花单生，伸出水面。萼片4，披针形，绿色，密被刺，内面紫色；花瓣多数，较萼片小，紫红色，数轮排列，向内渐变成雄蕊；雄蕊多数，花丝条形，花药内向，长圆形，药隔顶端平截；心皮8—10，子房下位，无花柱，柱头盘内凹，红色，边缘与萼筒愈合，每室胚珠少数。浆果球形，暗紫红色，密被硬刺，顶端具宿存直立萼片。种子球形，具浆质假种皮及黑色厚种皮。花期7—8月，果期8—9月。

【分布与生境】秦岭南坡有栽培，生在池塘、湖沼中。温湿环境，芡实适应性强，喜温暖水湿，不耐霜冻和干旱。生长适宜温度为20—30℃，适宜水深30—90cm。以土层深厚松软、富含有机质的湖荡土栽培为宜。

【食用部位与营养成分】嫩叶柄，花茎，根茎，种子均可食用。种子含淀粉、蛋白质、脂肪、钙、磷、铁等。中式烹饪中常说的"勾芡"所用到的"芡粉"，原本就是指芡实的粉末，后来也指其他主要成分为淀粉的替代品。

【采收与加工】秋末冬初采收成熟果实，除去果皮，取出种子，洗净，再除去硬壳（外种皮），晒干。嫩叶柄和花柄剥去皮后可作蔬菜，根状茎清洗干净后可直接作为蔬菜。

【资源开发与保护】芡实种子（芡米）营养价值高，美味可口，是秋季滋补的佳品。芡米除食用外，还可酿酒或制副食品用。根、茎、叶、果均可入药。外壳可作染料。全草为猪饲料，又可作绿肥。

野菜植物
蕺菜

【形态特征】多年生草本，高 15—50cm，有腥臭味；茎下部伏地，生根，上部直立，通常无毛。叶互生，心形或宽卵形，有细腺点，两面脉上有柔毛，下面常紫色；托叶膜质，条形，长 1—2cm，下部常与叶柄合生成鞘状。穗状花序生于茎上端，与叶对生，长 1—1.5cm，基部有 4 片白色花瓣状苞片；花小，两性，无花被；雄蕊 3，花丝下部与子房合生；雌蕊由 3 个下部合生的心皮组成，子房上位，花柱分离。蒴果顶端开裂。花期 5—7 月，果期 8—10 月。

【分布与生境】秦岭南北坡普遍分布，生于海拔 400—1800m 的山坡草地、山谷湿地和阴湿林下。

【食用部位与营养成分】嫩根茎、茎叶均可食用。鲜茎叶每 100g 含蛋白质 2.29g，脂肪 0.40g，维生素 $B_2 0.21mg$，维生素 C56mg，维生素 P8.1mg。另外还含有黄酮类、有机酸、生物碱、甾醇、水溶性多糖、金属及盐类。营养价值高，是常用的野生蔬菜。

【采收与加工】新鲜蕺菜连根拔起，除去根和泥土。食用白色根茎和地上茎叶。用冷水浸泡可消除异味。凉拌鱼腥草，酸辣稍甜，清淡爽口。

【资源开发与保护】蕺菜野生资源广泛，适应性强，也可人工栽培。既是药品，又是食品，极具开发潜力。

Sagittaria trifolia Linn. var. *trifolia*,
狭叶慈姑、长瓣慈姑、三脚剪、水芋、剪刀草、水慈姑
泽泻科 Alismataceae 慈姑属植物

野菜植物
野慈姑

077

【形态特征】多年生水生或沼生草本。根状茎横走，较粗壮，末端膨大或否。挺水叶箭形，叶片长短、宽窄变异很大，通常顶裂片短于侧裂片，比值 1：1.2—1：1.5，有时侧裂片更长，顶裂片与侧裂片之间缢缩，或否；叶柄基部渐宽，鞘状，边缘膜质，具横脉，或不明显。花葶直立，挺水，

高 (15—)20—70cm，或更高，通常粗壮。花序总状或圆锥状，长 5—20cm，有时更长，具分枝 1—2 枚，具花多轮，每轮 2—3 花；苞片 3 枚，基部多少合生，先端尖。花单性；花被片反折，外轮花被片椭圆形或广卵形；内轮花被片白色或淡黄色，基部收缩，雌花通常 1—3 轮，花梗短粗，心皮多数，两侧压扁，花柱自腹侧斜上；雄花多轮，花梗斜举，雄蕊多数，花药黄色，花丝长短不一，通常外轮短，向里渐长。瘦果两侧压扁，长约 4mm，宽约 3mm，倒卵形，具翅，背翅多少不整齐；果喙短，自腹侧斜上。种子褐色。花期 5—10 月，果期 5—10 月。

【分布与生境】产渭河流域平原地带，如陕西西安、周至等地；生长于池塘、沼泽、沟渠、水田等水域中。分布于我国华北、华东诸省（区）。适应性强，喜光，喜生长在多水潮湿的环境里中。

【食用部位与营养成分】地下球茎和幼茎供食用。秋季采全草。

【采收与加工】春季采摘嫩茎，焯熟后加入油盐调拌食用。秋季采收球茎，洗净，除去须根，蒸后晒干。夏、秋季开花时采收叶、花，鲜用或切段晒干。

【资源开发与保护】野慈姑野生资源广泛，适应性强，也可人工栽培。全草入药，可清热解毒、疗疮、利胆、黄疸、瘰疬、蛇咬伤。具有很高开发潜力。

野菜植物
薯蓣

Dioscorea opposita Thunb.
山药、山薯、山芋、九黄姜、面山药、野山药
薯蓣科 Dioscoreaceae 薯蓣属植物

【形态特征】缠绕草质藤本。块茎长圆柱形，垂直生长，长可达 1m 多。茎通常带紫红色，右旋。单叶，在茎下部的互生，中部以上的对生；叶片变异大，卵状三角形至宽卵形或戟形，长 3—9cm，宽 2—7cm，顶端渐尖，基部深心形、宽心形或近截形。雌雄异株。雄花序为穗状花序，长 2—8cm，近直立，2—8 个着生于叶腋，偶尔呈圆锥状排列；花序轴明显地呈"之"字状曲折；苞片和花被片有紫褐色斑点；雄花的外轮花被片为宽卵形，内轮卵形，较小；雄蕊 6。雌花序为穗状花序，1—3 个着生于叶腋。蒴果不反折，三棱状扁圆形或三棱状圆形，长 1.2—2cm，宽 1.5—3cm，外面有白粉；种子着生于每室中轴中部，四周有膜质翅。花期 6—9 月，果期 7—11 月。

【分布与生境】产秦岭南北坡低山地区。野生于向阳山坡林边或灌丛中。

【食用部位与营养成分】块茎可食用。富含碳水化合物、蛋白质、脂肪、薯蓣皂苷及 B 族维生素、维生素 C、维生素 E，碳水化合物以淀粉为主。

【采收与加工】薯蓣栽后当年采收，珠芽第二年收。根部既可以作主粮蒸食，也可作蔬菜炒食，还可以制成糖葫芦之类的小吃。

【资源开发与保护】块茎为常用中药"淮山药"，有强壮、祛痰的功效，具有优良药用保健功能。黏多糖和糖蛋白在骨骼润滑、玻璃体生长、精液补充、改善神经元上起着很重要的作用。薯蓣淀粉具有聚合度低、分子量小、支链淀粉含量高、易糊化、吸水膨胀性强等特性，适合作婴儿强化营养米粉及其他冲调食品的配料。

【形态特征】根状茎粗 0.3—1cm。叶卵状心形、卵形至卵圆形，长 8—19cm，宽 4—17cm，先端通常近短尾状或骤尖，基部心形或近截形，极少叶片基部下延而略呈楔形，具 7—11 对侧脉；叶柄长 6—30cm。花葶高 60—100cm，具 10—30 朵花；苞片矩圆状披针形，长 1—2cm，白色，膜质；花单生，长 4—5.8cm，盛开时从花被管向上骤然作近漏斗状扩大，紫红色；花梗长 7—10mm；雄蕊伸出花被之外，完全离生。蒴果圆柱状，有三棱，长 2.5—4.5cm，直径 6—7mm。花期 6—7 月，果期 7—9 月。

【分布与生境】产秦岭南坡；生于海拔 1000—2000m 的山坡崖石旁。

【食用部位与营养成分】嫩芽和生长期的叶柄经焯水后均可供食用。作为菜肴，清香可口、滑而不黏。

【采收与加工】鲜品系列直接把采回来的鲜叶焯水，凉拌食用。干品系列将 4—5 月采来的叶柄，焯水后晾干，人工干燥后呈金黄色丝状，耐贮存，名称"金丝带"。作火锅、炒菜等配菜，和味可口。

【资源开发与保护】紫萼各地栽培，供观赏。内用治胃痛、跌打损伤，外用治虫蛇咬伤和痈肿疔疮。

野菜植物
萱草

Hemerocallis fulva Linn.
黄花菜、鹿葱、金针菜、川草花
百合科 Liliaceae 萱草属植物

【形态特征】多年生草本，根状茎粗短，具肉质纤维根，多数膨大呈窄长纺锤形。叶基生成丛，条状披针形，背面被白粉。夏季开橘黄色大花，花葶长于叶，高达 1m 以上；圆锥花序顶生，有花 6—12 朵；花长 7—12cm，花被基部粗短漏斗状，花被 6 片，开展，向外反卷，外轮 3 片，边缘稍作波状；雄蕊 6，花丝长，着生花被喉部；子房上位，花柱细长。根近肉质，中下部有纺锤状膨大；叶一般较宽；花早上开晚上凋谢，无香味，橘红色至橘黄色，内花被裂片下部一般有形彩斑。这些特征可以区别于本国产的其他种类。花果期为 5—7 月。

【分布与生境】秦岭南北坡，多栽培，野外生长于海拔 300—2500m 的山沟湿润处。

【食用部位与营养成分】嫩叶和花蕾经晒干烹制后可食用，含有丰富的蛋白质及多种人体必需氨基酸。粗纤维含量平均为 1.308%，花蕾中可溶性糖的主要成分是蔗糖、葡萄糖和果糖。主要成分为蒽醌及 2,5- 二氢呋喃酸胺衍生物，同时还含有烟酸、生物碱、皂苷和黄酮等多种化学成分。

【采收与加工】萱草根的采收期为 5—6 月份俱佳。黄花菜荤素皆宜，炒、炸、烧、炖汤均可，色、香、味俱佳，味道独特鲜美可口，是佐食佳品。

【资源开发与保护】萱草属植物花色艳丽，花姿优美，可供观赏。黄花菜是代表性种类，为我国的传统蔬菜之一。根系发达，可拦淤固土，防止水土流失。根、叶可入药，药用价值很高，具有健脑和明目等功效，能显著降低血清胆固醇含量。黄花菜含铁量很高，对补血止血有奇效，可作为妇女补血佳品。

Hemerocallis citrine Baroni
金针菜、柠檬萱草、金针花
百合科 Liliaceae 萱草属

黄花菜

【形态特征】草本，具短的根状茎和肉质、肥大的纺锤状块根。叶基生，排成两列，条形，背面呈龙骨状突起。花葶高85—110cm，蜗壳状聚伞花序复组成圆锥形，多花，有时可多达30朵；花序下部的苞片狭三角形，长渐尖，长达4cm或更长；花柠檬黄色，具淡的清香味，具很短的花梗；花被长13—16cm，下部3—5cm合生成花被筒；裂片6，具平行脉，外轮的倒披针形，宽1—1.5cm，内轮的长矩圆形，宽1.5—2cm，盛开时裂片略外弯；雄蕊伸出，上弯，比花被裂片约短3cm；花柱伸出，上弯，略比雄蕊长。花果期5—9月。

【分布与生境】产秦岭山区，多栽培。

【食用部位与营养成分】黄花菜的花蕾经晒干烹制后可食用。黄花菜蛋白质平均含量14.3%；总糖含量平均为14.3%，总磷平均含量为279.3mg/100g；黄花菜中钙的含量较高，平均含量为431.1mg/100g，并含有铁元素和维生素C。

【采收与加工】黄花菜的收获期为6月下旬至9月上旬，时间持续60天左右。黄花菜加工是利用高温蒸汽迅速杀青，破坏花蕾细胞活力，引起糖类等内含物质的变化，固定营养物质，是决定黄花菜质量的一道关键环节。

【资源开发与保护】黄花菜春季萌发早，绿叶丛生极为美观，花色鲜艳美丽，具有很高的观赏价值。黄花菜营养丰富，为佐餐佳品。

082

野菜植物

石刁柏

Asparagus officinalis Linn.
小百部、山文竹、芦笋
百合科 Liliaceae 天门冬属植物

【形态特征】直立草本，高可达 1m；根稍肉质，粗 2—3mm。茎平滑，上部在后期常俯垂；分枝较柔弱。叶状枝每 3—6 枚成簇，近圆柱形，稍压扁，纤细，多少弧曲，长 5—30mm，粗 0.3—0.5mm；叶鳞片状，基部具刺状短距或近无距。花每 1—4 朵腋生，单性，雌雄异株，绿黄色，花梗长 7—14mm，关节位于上部或近中部；雄花：花被片 6，长 5—6mm；花丝中部以下贴生于花被片上；花药矩圆形，长 1—1.5mm；雌花较小，花被长约 3mm，具 6 枚退化雄蕊。浆果球形，直径 7—8mm，成熟时红色，具 2—3 颗种子。花期 7—8 月，果期 9—10 月。

【分布与生境】秦岭各地均有栽培。

【食用部位与营养成分】嫩苗可做蔬菜食用。蛋白质、天门冬氨酸、谷氨酸、亮氨酸、丙氨酸、赖氨酸等含量较高。人体必需氨基酸占氨基酸总量的 26.4%—36.4%。

【采收与加工】采收"白芦笋"多在黎明时进行。如发现田间土面有裂缝或湿润圈，即表明其下有嫩茎抽生，可扒开表土用割刀在笋尖下 17—18cm 处切取，同时注意防止损伤地下茎和鳞芽。收割后即用土填平。出笋盛期宜每天早晚各收割一次。采收的嫩笋立即装入盛器覆盖，防止照光变色。采收"绿芦笋"时，以齐土面割高 21—24cm 的嫩茎为宜。

【资源开发与保护】芦笋质地鲜嫩，风味独特、柔嫩爽口，是一种药食两用的名贵蔬菜，芦笋含有多种活性成分，如芦笋多糖、皂角苷类化合物、氨基酸及黄酮类物质等，具有抗肿瘤、抗炎、抗衰老、免疫调节等多种生物学功能。

天门冬

Asparagus cochinchinensis Linn.
三百棒、丝冬、小百部、万岁藤
百合科 Liliaceae 天门冬属植物

【形态特征】攀缘植物，根稍肉质，在中部或近末端呈纺锤状膨大，膨大部分长 3—5cm，粗 1—2cm。茎长可达 1—2m，分枝具棱或狭翅。叶状枝通常每 3 枚成簇，扁平，或由于中脉龙骨状而略呈锐三棱形，镰刀状，长 0.5—8cm，宽 1—2mm；叶鳞片状，基部具硬刺；刺在茎上长 2.5—3mm，在分枝上较短或不明显。花通常每 2 朵腋生，单性，雌雄异株，淡绿色；花梗长 2—6mm；雄花：花被片 6，长 2.5—3mm；雄蕊稍短于花被；花丝不贴生于花被片上；花药卵形，长约 0.7mm；雌花与雄花大小相似，具 6 枚退化雄蕊。浆果球形，直径 6—7mm，成熟时红色，具 1 颗种子。花期 5—6 月，果期 9—10 月。

【分布与生境】秦岭南北坡均有分布，生长于海拔 450—1000m 的地山区或河岸。

【食用部位与营养成分】嫩苗可供蔬食。天门冬块根含淀粉 33%，蔗糖 4% 及其他多种营养成分。天门冬全草含天冬酰胺（天门冬素）、β – 谷固醇、固体皂苷、黏液质、糖醛衍生物、17 种氨基酸、丰富的维生素、无机元素、豆固醇、内酯、黄酮、蒽醌及强心苷等成分。

【采收与加工】一般种植需 3 年才能采收。在 10 月至第二年 3 月萌芽前，选择晴天，先把插杆拔除，割除茎蔓，然后挖开根四周土壤，小心地把块根取出，抖去泥土，摘下大个的加工作药用，小个的块根带根头留下作种用。晒干的天门冬宜装入竹筐内，置通风阴凉干燥处。

【资源开发与保护】天门冬的块根是常用的中药，有滋阴润燥、清火止咳之效。

野菜植物
鹿药

Smilacina japonica A. Gray
九层楼、盘龙七
百合科 Liliaceae 鹿药属植物

【形态特征】多年生草木，植株高 30—60cm，根状茎横卧。茎单生，直立。叶互生，5—7 枚，卵状椭圆形或狭矩圆形，长 6—15cm，宽 2—5cm，顶端近渐尖，两面疏被粗毛或近无毛，具短柄。圆锥花序，具花 10—20 余朵，长 3—6cm，被毛，花单生，白色，花梗长 2—6mm，花被片 6，离生或仅基部稍合生，矩圆形或矩圆状倒卵形，长约 3mm；雄蕊 6，长约 2mm，花丝基部贴生于花被片；花柱长 0.5—1mm，与子房近等长，柱头几不裂。浆果近球形，红色，具种子 1—2 颗。花期 5—6 月，果期 8 月。

【分布与生境】产秦岭南北坡各地；多生长在林下阴湿腐殖土中。

【食用部位与营养成分】嫩茎叶可食用；鹿药氨基酸含量丰富，并含有多种黄酮类化合物和皂苷类物质，其糖类化合物和脂肪含量低。

【采收与加工】春、秋季采挖，洗净，鲜用或晒干。

【资源开发与保护】鹿药具有抗真菌和抗肿瘤活性，同时还具有一定的抗氧化活性。我国民间常将鹿药用于治疗劳伤、阳痿、风湿骨病、神经性头痛、乳腺炎、月经不调、跌打损伤等。鹿药氨基酸含量丰富，并含有多种黄酮类化合物和皂苷类物质，其糖类化合物和脂肪含量低，尤其适合需要减肥和忌糖的人群，适宜作养生食材。

Allium victorialis L.
茖韭、寒葱、山葱、格葱
石蒜科 Amaryllidaceae 葱属

茖葱

【形态特征】草本，具根状茎。鳞茎柱状圆锥形，单生或数枚聚生；鳞茎外皮黑褐色，网状纤维质。花葶圆柱形，高 25—80cm，1/4—1/2 具叶鞘。叶 2—3 枚，长 8—20cm，宽 3—10cm，披针状矩圆形至宽椭圆形，顶端短尖或钝，向叶柄渐狭；叶柄为叶片的 1/4—1/2 长。总苞 2 裂，宿存；伞形花序球形，多花；花梗等长，为花被的 2—3 倍长，无苞片；花白色，花被片 6，长 4—6mm，椭圆形，内轮的比外轮的略长而宽，外轮的舟状；花丝比花被片长 1.5 倍，基部合生并与花被贴生，内轮的狭三角形，外轮的三角状锥形；子房具短柄，每室有 1 胚珠。花期 6—8 月，果期 6—8 月。

【分布与生境】秦岭南北坡均有分布，生海拔 1000—2500m 的阴湿山坡。

【食用部位与营养成分】嫩叶和鳞茎均可食用。主要含甲基烯丙基二硫化物、二烯丙基二硫化物和甲基烯丙基三硫化物，亦即其香气的来源；还含皂苷与 1- 科斯糖、新科斯糖。

【采收与加工】夏、秋季采挖，洗净，鲜用。

【资源开发与保护】散瘀；止血；解毒。主治跌打损伤、血瘀肿痛、衄血、疮痈肿痛。

天蒜

【形态特征】多年生草本，鳞茎单生，狭卵状圆柱形，粗 0.5—1.5cm；鳞茎外皮黄褐色或黑褐色，有时带红色，纸质，条裂，有时近纤维状。叶宽条形至条状披针形，比花葶短或近等长，宽 0.5—1.5cm，先端渐尖，钝头。花葶圆柱状，高 30—50cm；总苞单侧开裂，具长喙；伞形花序多花，松散；小花梗近等长，比花被片长 2—4 倍；花丝等长，为花被片长度的 1.5—2 倍，仅基部合生并与花被片贴生，内轮的基部扩大，扩大部分每侧各具 1 齿片，外轮的锥形；子房倒卵状，腹缝线基部具有帘的凹陷蜜穴；花柱伸出花被外。花期 8—9 月，果期 8—9 月。

【分布与生境】秦岭南坡广泛分布，北坡较少，仅陕西户县涝峪光头山有分布。生于海拔 1400—2000m 的阴湿山坡、沟边或林下。

【食用部位与营养成分】鳞茎可食用，可生食亦可熟食。富含胡萝卜素、锌、磷、硒、钙等营养成分。

【采收与加工】夏、秋采收，鲜用或腌制。天蒜的腌制方法：将采摘来的天蒜洗净，晾干叶上的水，切成 3cm 左右长的小节儿，放上食盐拌匀后，放入腌菜的专用小坛中，盖上坛盖，用水封在坛盖周围，过 24 小时后即可食用，若要味道更浓些，则存放时间长些即可。

【资源开发与保护】天蒜全草可入药，具散瘀止痛、止血、解毒的功效，治外疮种痛、衄血、漆疮、跌打损伤、瘀血肿痛。

【形态特征】多年生草本，具根状茎。鳞茎近圆柱状，单生或数枚聚生；鳞茎外皮灰褐色，网状纤维质。花葶圆柱形，高 30—60cm。叶基生，常 2 枚，稀为 3 枚，长 8—14cm，宽 2—5cm，卵状椭圆形或卵状披针形，具叶柄，顶端长渐尖或短尖，基部圆形或浅心形。总苞 1—2 裂，宿存或早落；伞形花序球形，多花；花梗为花被的 1.5—4 倍长，无苞片；花白色或淡红色；花被片长 3—4.5mm，卵状矩圆形或矩圆形；花丝伸出花被，基部合生并与花被贴生，内轮的三角状披针形，外轮的三角状锥形，外轮为内轮的 1.5—2 倍；子房具短柄，每室有 1 胚珠。花期 7 月，果期 7—9 月。

【分布与生境】产秦岭太白山；生山谷林下腐殖土上。

【食用部位与营养成分】柳叶韭的新鲜鳞茎叶可以作为食用蔬菜，同时含有丰富的氨基酸和少量蛋白质，含有人体所不能合成的 8 种氨基酸，总糖量适中，维生素 C 和胡萝卜素含量较高。

【采收与加工】秋季可采收，洗净，鲜用或晒干。

【资源开发与保护】卵叶韭具有活血散瘀、止血止痛的功效。用于跌打损伤、瘀血肿痛、衄血。

野菜植物
薤白

【形态特征】多年生草木。鳞茎肥厚，直径达 2cm，具有白色膜质叶鞘。叶多为半圆柱形，中央鞘空，长 15—30cm。花葶高 30—60cm，总苞约为花序的 1/2 长，宿存；伞形花序半球形或球形，密聚珠芽，间有数朵花或全为花；花梗等长，为花被的 3—4 倍长，具苞片；花被宽钟状，红色至粉红色；花被片具 1 深色脉，长 4—5mm，矩圆形至矩圆状披针形，钝头；花丝比花被片长 1/4—1/3，基部三角形向上渐狭成锥形，仅基部合生并与花被贴生，内轮基部比外轮基部略宽或宽为 1.5 倍；花柱伸出花被。花期 5—7 月，果期 5—7 月。

【分布与生境】产秦岭北坡的山区及渭河较潮湿处，常侵入农田中。

【食用部位与营养成分】花及鳞茎可供食用。大蒜素、可溶性糖、维生素 C 和可溶性蛋白含量较高。

【采收与加工】通常于 2—4 月采摘嫩茎叶供食用，至 6 月份叶片开始枯黄时采收鳞茎，将整株掘起，扎成束，挂在阴凉通风处，供加工或出售。

【资源开发与保护】薤白全株可食，民间食用薤白具有悠久的历史。食用方法也很多，可炒食、生食、腌渍、做馅等。薤白鳞茎供药用，性温，味辛、苦。具有温中通阳、散结、理气宽胸、健胃整肠的功用。

Allium prattii C. H. Wright
野葱、野蒜、太白山葱
石蒜科 Amaryllidaceae 葱属植物

太白韭

【形态特征】多年生草木，鳞茎单生或2—3枚聚生，近圆柱状。叶生于基部，带状或舌状，长至23cm，宽1—2cm。花茎直立，高25—45cm。伞形花序半球状，具多而密集的花；小花梗近等长，比花被片长2—4倍，花紫红色至淡红色，长圆形，先端尖；雄蕊稍长于花被片；花丝比花被片略长或长得多，基部合生并与花被片贴生，内轮的狭卵状长三角形，基部宽0.8—1.5mm，外轮的锥形；子房3室，每室1胚珠。花期7—8月，果期7—9月。

【分布与生境】秦岭仅见太白山和户县光头山；生于高山草地，海拔2500—3200m。

【食用部位与营养成分】嫩叶及鳞茎可食用。

【采收与加工】夏、秋季采收，洗净，鲜用。

【资源开发与保护】太白韭全草入药，用于伤风感冒、头痛鼻塞、脘腹冷痛、消化不良、跌打骨折。

野菜植物

小香蒲

Typha minima Funck

小香蒲香蒲科 Typhaceae 香蒲属植物

【形态特征】多年生沼生或水生草本。根状茎姜黄色或黄褐色，先端乳白色。地上茎直立，细弱，矮小，高 16—65cm。叶通常基生，鞘状，无叶片，如叶片存在，长 15—40cm，短于花葶。雌雄花序远离，雄花序长 3—8cm，花序轴无毛，基部具 1 枚叶状苞片，长 4—6cm，宽 4—6mm，花后脱落；雌花序长 1.6—4.5cm，叶状苞片明显宽于叶片。雄花无被，雄蕊通常 1 枚单生，有时 2—3 枚合生，基部具短柄，花粉粒成四合体；雌花具小苞片；孕性雌花柱头条形，子房长 0.8—1mm，纺锤形，子房柄长约 4mm，纤细；不孕雌花子房长 1—1.3mm，倒圆锥形；白色丝状毛先端膨大呈圆形，着生于子房柄基部，与不孕雌花及小苞片近等长，均短于柱头。小坚果椭圆形。种子黄褐色，椭圆形。花期 5—7 月，果期 7—8 月。

【分布与生境】秦岭北坡渭河河滩地常见；喜生于河岸低湿处，性耐盐碱。

【食用部位与营养成分】嫩茎叶和根状茎可作蔬菜食用

【采收与加工】春季采集嫩茎叶，秋季或冬季挖取根状茎。

【资源开发与保护】小香蒲富含粗纤维，可用于造纸，叶称蒲草可用于编织，可种植于公园或水景宽阔一面，自成一景，也可丛植作水景障屏配置。

Phyllostachys glauca McClure
麻壳淡竹、江苏淡竹、花皮淡竹
禾本科 Gramineae 刚竹属

淡竹

【形态特征】竿高 5—12m，粗 2—5cm，幼竿密被白粉，无毛，老竿灰黄绿色；节间最长可达 40cm，壁薄，厚仅约 3mm；箨鞘背面淡紫褐色至淡紫绿色，常有深浅相同的纵条纹，具紫色脉纹及疏生的小斑点或斑块，无箨耳及鞘口继毛；箨舌暗紫褐色，高 2—3mm，截形，边缘有波状裂齿及细短纤毛；箨片线状披针形或带状，开展或外翻，平直或有时微皱曲，绿紫色，边缘淡黄色；叶片长 7—16cm，宽 1.22—2.5cm，下表面沿中脉两侧稍被柔毛。花枝呈穗状，长达 11cm，基部有 3—5 片逐渐增大的鳞片状苞片；颖不存在或仅 1 片；外稃长约 2cm，常被短柔毛；内稃稍短于其外稃；花药长 12mm；柱头 2，羽毛状。笋期 4 月中旬至 5 月底，花期 6 月。

【分布与生境】秦岭南北坡浅山及平原普遍栽培。

【食用部位与营养成分】淡竹笋味美可食用。

【采收与加工】春季采挖竹笋，鲜食或晾晒笋干。

【资源开发与保护】秆细长而节疏，质地坚韧，竹材篾性好，可编织各种竹器，也可整材使用，作农具柄、搭棚架等。中药之竹沥、竹茹亦多出自该竹。

早熟禾

Poa annua L.
小青草、小鸡草、冷草、绒球草
禾本科 Gramineae 早熟禾属

【形态特征】一年生或二年生禾草。秆直立或倾斜，质软，高 6—30cm，全体平滑无毛。叶鞘稍压扁，中部以下闭合；叶舌长 1—3mm，圆头；叶片扁平或对折，质地柔软，常有横脉纹，顶端急尖呈船形，边缘微粗糙。圆锥花序宽卵形，长 3—7cm，开展；分枝 1—3 枚着生各节，平滑；小穗卵形，含 3—5 小花，长 3—6mm，绿色；颖质薄，具宽膜质边缘，顶端钝，第一颖披针形，具 1 脉，第二颖长 2—3mm，具 3 脉；外稃卵圆形，顶端与边缘宽膜质，具明显的 5 脉，脊与边脉下部具柔毛，间脉近基部有柔毛，基盘无绵毛，第一外稃长 3—4mm；内稃与外稃近等长，两脊密生丝状毛；花药黄色。颖果纺锤形，长约 2mm。花期 4—5 月，果期 6—7 月。

【分布与生境】秦岭南北坡普遍分布，生于海拔 400—3500m 的山坡草地、田野水沟或荫蔽荒坡湿地。

【食用部位与营养成分】幼苗可作蔬菜食用。

【采收与加工】春季采摘幼苗。

【资源开发与保护】早熟禾作为草坪栽培，生长速度快，竞争力强，一旦成坪，杂草很难侵入。而且再生力强、抗修剪、耐践踏、草姿优美，具有良好的均匀性。密度和平滑度，适用建造各类草坪。

野菜植物

093

Zizania latifolia (Griseb.) Stapf
茭儿菜、茭苞、茭笋、茭白
禾本科 Gramineae 菰属属植物

菰

【形态特征】多年生宿根草本，具匍匐根状茎。须根粗壮。秆高大直立，高 1—2m，具多数节，基部节上生不定根。叶鞘长于其节间，肥厚，有小横脉；叶舌膜质，顶端尖；叶片扁平宽大，长 50—90cm，宽 15—30mm。圆锥花序长 30—50cm，分枝多数，簇生，上升，果期开展；雄小穗长 10—15mm，两侧压扁，着生于花序下部或分枝上部，带紫色，外稃具 5 脉，顶端渐尖具小尖头，内稃具 3 脉，中脉成脊，雄蕊 6 枚；雌小穗圆筒形，着生于花序上部和分枝下方与主轴贴生处，外稃的 5 脉粗糙，内稃具 3 脉。颖果圆柱形，胚小形，为果体的 1/8。花期 8—9 月，果期 9—10 月。

【分布与生境】秦岭南北坡有栽培或野生，生于池塘、水沟和湖泊。

【食用部位与营养成分】菰秆基嫩茎被真菌（黑粉菌）寄生后，不抽穗，而逐渐形成纺锤形的肉质茎，称茭瓜（茭白），是美味的蔬菜。茭白含蛋白质、脂肪、糖类、维生素 B_1、维生素 B_2、维生素 E、微量胡萝卜素和矿物质等。嫩茭白的有机氮素以氨基酸状态存在，并能提供硫元素，容易为人体所吸收。但由于茭白含有较多的草酸，其钙质不容易被人体所吸收。

【采收与加工】7—8 月采挖肉质洁白、坚实粗壮菰，去鞘带 2—3 片包叶的茭白。

【资源开发与保护】菰的颖果称菰米，作饭食用，有营养保健价值。全草为优良的饲料，为鱼类的越冬提供场所，也是固堤造陆的先锋植物。古代菰生长正常，秋季结实，称雕胡米，为六谷之一。

升麻

Cimicifuga foetida L.
绿升麻、黑三七、三面刀、鸡爪连
毛茛科 Ranunculaceae 升麻属植物

【形态特征】多年生草本，根状茎粗壮，坚实，表面黑色，有许多内陷的圆洞状老茎残迹。茎高 1—2m，分枝。叶为二至三回三出羽状复叶；茎下部叶的叶片三角形，宽达 30cm；顶生小叶具长柄，菱形，常浅裂，边缘有锯齿；侧生小叶具短柄或无柄，斜卵形，比顶生小叶略小。上部的茎生叶较小，具短柄或无柄。花序具分枝 3—20 条，长达 45cm；轴密被灰色或锈色的腺毛及短毛；苞片钻形，比花梗短；花两性；萼片倒卵状圆形，白色或绿白色；退化雄蕊宽椭圆形，顶端微凹或二浅裂，几膜质；雄蕊长 4—7mm，花药黄色或黄白色；心皮 2—5，密被灰色毛，无柄或有极短的柄。蓇葖长圆形，长 8—14mm，宽 2.5—5mm，基部渐狭成长 2—3mm 的柄，顶端有短喙；种子椭圆形，褐色，有横向的膜质鳞翅，四周有鳞翅。花期 7—9 月，果期 8—10 月。

【分布与生境】秦岭南北坡均有分布，生于海拔 1200—3000m 的山坡草丛中或林下林缘。

【食用部位与营养成分】嫩茎可食用。

【采收与加工】早春，升麻展叶前摘取幼嫩，去掉幼叶，清水洗净后放沸水中烫一下，再放温水至煮沸后 10 分钟左右，以用手可以掐破为宜，捞出后放凉开水中浸泡 5 分钟左右取出。蘸酱油或酱即可食用，清香爽口，略带苦味。

【资源开发与保护】升麻秦岭野生资源丰富，其根状茎药用，治风热头痛、咽喉肿痛、斑疹不易透发等症。也可作土农药，消灭马铃薯块茎蛾、蝇蛆等。

Saxifraga stolonifera Curt.
石荷叶、老虎耳、金丝荷叶、耳朵草、通耳草
虎耳草科 Saxifragaceae 虎耳草属

虎耳草

【形态特征】多年生草本，高8—45cm。匍匐枝细长，密被卷曲长腺毛，具鳞片状叶。茎被长腺毛，具1—4枚苞片状叶。基生叶具长柄，叶片近心形、肾形至扁圆形，长1.5—7.5cm，宽2—12cm，先端钝或急尖，基部近截形、圆形至心形，7—11浅裂，裂片边缘具不规则齿牙和腺睫毛，腹面绿色，被腺毛，背面通常红紫色，被腺毛，有斑点，具掌状达缘脉序；茎生叶披针形，长约6mm，宽约2mm。雄蕊长4—5.2mm，花丝棒状；花盘半环状，围绕于子房一侧，边缘具瘤突；2心皮下部合生，子房卵球形，花柱2，叉开。花期5—8月，果期7—11月。

【分布与生境】秦岭南北坡均产；喜阴湿岩石下的腐殖土上。

【食用部位与营养成分】嫩叶可作蔬菜食用。含生物碱、硝酸钾、氯化钾、熊果酚苷。其叶绿体中所含酚酶能将顺式咖啡酸氧化为相应的邻位醌，后者经自然氧化而生成马栗树皮素。

【采收与加工】全年可采，但以花后采者为好。

【资源开发与保护】全草（叶片为主）供药用。能清热解毒、祛风止痛，主治中耳炎、咽炎、淋巴管炎、鼻前庭炎、肺炎等症。

野菜植物
中华金腰

Chrysosplenium sinicum Maxim.
华金腰子、中华金腰子
虎耳草科 Saxifragaceae 金腰属

【形态特征】多年生草本，高 10—20cm；不育枝发达，出自茎基部叶腋，其叶对生，叶片通常阔卵形、近圆形，稀倒卵形，先端钝，边缘具 11—29 钝齿，基部宽楔形至近圆形。花茎无毛。叶通常对生，叶片近圆形至阔卵形，长 6—10.5mm，宽 7.5—11.5mm，先端钝圆，边缘具 12—16 钝齿，基部宽楔形。聚伞花序长 2.2—3.8cm，具 4—10 花，花黄绿色；萼片在花期直立，阔卵形至近阔椭圆形，先端钝；雄蕊 8；子房半下位，无花盘。蒴果 2 果瓣明显不等大，叉开；种子黑褐色，椭球形至阔卵球形。花期 5—6 月，果期 6—7 月。

【分布与生境】秦岭南北坡均有分布，生于海拔 1400—2900m 的林下或山沟阴湿处；喜阴湿岩石下的腐殖土上。

【食用部位与营养成分】嫩茎可食用。

【采收与加工】春季采挖嫩茎叶。

【资源开发与保护】中华金腰全草药用，具有清热退黄功效。

Sedum sarmentosum Bunge

豆瓣菜、石头芽、狗牙草、瓜子草、石指甲、狗牙瓣
景天科 Crassulaceae 景天属

野菜植物

垂盆草

097

【形态特征】多年生草本。不育枝及花茎细，匍匐而节上生根，直到花序之下。3 叶轮生，叶倒披针形至长圆形，长 15—28mm，宽 3—7mm，先端近急尖，基部急狭，有距。聚伞花序，有 3—5 分枝，花少；花无梗；萼片 5，披针形至长圆形，先端钝，基部无距；花瓣 5，黄色，披针形至长圆形，先端有稍长的短尖；雄蕊 10，较花瓣短；鳞片 10，楔状四方形，先端稍有微缺；心皮 5，长圆形，

长 5—6mm，略叉开，有长花柱。种子卵形。花期 5—7 月，果期 8 月。

【分布与生境】秦岭南北均产，生于海拔 400—1600m 的山谷岩石上。

【食用部位与营养成分】嫩茎叶和嫩株可供蔬食，一般用开水焯后作浆水菜。

【采收与加工】夏、秋二季，采收鲜嫩茎叶或嫩株即可。全草采集晒干可药用。

【资源开发与保护】全草药用，能清热解毒、活血止痛、消肿、接骨。用于湿热黄疸，小便不利，痈肿疮疡。

费菜

Sedum aizoon Linn.
土三七、旱三七、菊三七、景天三七、草三七、三七草
景天科 Crassulaceae 景天属植物

【形态特征】多年生肉质草本，高可达 80cm。根状茎粗厚，近木质化，地上茎直立，不分枝。叶互生，狭披针形、椭圆状披针形至卵状倒披针形，长 3.5—8cm，宽 1.2—2cm，先端渐尖，基部楔形，边缘有不整齐的锯齿；叶坚实，近革质。伞房状聚伞花序顶生；无柄或近乎无柄；萼片 5，长短不一，长约为花瓣的 1/2，线形至披针形，先端钝；花瓣 5，黄色，长圆状披针形，先端具短尖；雄蕊 10，较花瓣短；心皮，略开展，基部稍稍相连。蓇葖果 5 枚成星芒状排列。种子平滑，边缘具窄翼，顶端较宽。花期 6—8 月，果期 8—9 月。

【分布与生境】秦岭南北均产，生于海拔 400—2600m 的山谷、山坡或岩层的冲积土上。

【食用部位与营养成分】嫩茎叶可以食用，是一种保健蔬菜，鲜食部位含蛋白质、碳水化合物、脂肪、粗纤维、胡萝卜素、维生素 B_1、维生素 B_2、维生素 C、钙、磷、铁、剂墩果酸、谷甾醇、生物碱、景天庚糖、黄酮类、有机酸等多种成分。根含鞣质，可提取烤胶。

【采收与加工】夏季采收，全草可入药。嫩茎叶无苦味，口感好，炒、炖、烧汤、凉拌等。

【资源开发与保护】全草药用，止血、止痛、散瘀消肿；用于花坛、花境、地被，但需隔离；岩石园中多采用其他作为镶边植物，也可盆栽或吊栽，调节空气湿度、点缀平台庭院等。常食费菜可增强人体免疫力，有很好的食疗保健作用。

【形态特征】多年生草本，高 30—100cm。根茎匍匐，茎柔细斜升或攀缘，具棱，疏被柔毛。偶数羽状复叶长 7—12cm，叶轴顶端卷须发达；托叶半戟形，有 2—4 裂齿；小叶 5—7 对，长卵圆形或长圆披针形，先端钝或平截，微凹，有短尖头，基部圆形，两面被疏柔毛，下面较密。短总状花序，花 2—4 朵腋生；花萼钟状，萼齿披针形或锥形，短于萼筒；花冠红色或近紫色至浅粉红色；旗瓣近提琴形，先端凹，翼瓣短于旗瓣，龙骨瓣内弯，最短；子房线形，无毛，胚珠 5，子房柄短，花柱与子房连接处呈近 90° 夹角；柱头远轴面有一束黄髯毛。荚果宽长圆状，近菱形，长 2.1—3.9cm，宽 0.5—0.7cm，成熟时亮黑色，先端具喙，微弯。种子 5—7，扁圆球形，表皮棕色有斑，种脐长相当于种子圆周 2/3。花期 6 月，果期 7—8 月。

【分布与生境】产秦岭南北坡，而以西端较为常见；生于海拔 1000—2000m 的草坪或荒地中。

【食用部位与营养成分】嫩茎叶可蔬食；根可以生吃，煮熟后味道更好。野豌豆茎枝细软，适口性较好，营养成分粗蛋白质高达 26.9%。野豌豆茎叶含钙、磷比较丰富，用作青饲料、青贮饲料和调制干草。

【采收与加工】夏季采，晒干或鲜用。根可以生吃，煮熟后味道更好。最适宜收刈时期应在结荚期。

【资源开发与保护】全草入药，补肾调经、去痰止咳。全株可作饲料。在我国南方旱作区推广尚可解决收种和牧草的矛盾。因此，野豌豆可望培育成南方农田推广的绿肥新品种。

野菜植物

广布野豌豆

Vicia cracca L.
草藤、落豆秧
豆科 Leguminosae 野豌豆属植物

【形态特征】多年生草本，高 40—150cm。根细长，多分支。茎攀缘或蔓生，有棱，被柔毛。偶数羽状复叶，叶轴顶端卷须有 2—3 分支；小叶 5—12 对，互生，线形、长圆或披针状线形，先端锐尖或圆形，具短尖头，基部近圆或近楔形，全缘；叶脉稀疏，呈三出脉状，不甚清晰。总状花序与叶轴近等长，花多数，10—40 密集一面向着生于总花序轴上部；花萼钟状，萼齿 5，近三角状披针形；花冠紫色、蓝紫色或紫红色；子房有柄，胚珠 4—7，花柱弯与子房连接处呈大于 90° 夹角，上部四周被毛。荚果长圆形或长圆菱形，长 2—2.5cm，宽约 0.5cm，先端有喙。种子 3—6，扁圆球形，种皮黑褐色，种脐长相当于种子周长 1/3。花期 6—7 月，果期 8—10 月。

【分布与生境】产秦岭南北坡，而以西端较为常见；生于海拔 1000—2000m 的草坪或荒地中。

【食用部位与营养成分】嫩茎叶供蔬食，可作汤或炒食；富含蛋白质、脂肪、碳水化合物、钙、磷等营养成分。

【采收与加工】夏季采，晒干或鲜用。

【资源开发与保护】全草入药，具有清热利湿、和血祛瘀的功效，治黄疸、浮肿、疟疾、鼻衄、心悸、梦遗、月经不调等。该植物也是粮、料、草兼用作物，生长繁茂，产量高。

Vicia pseudorobus Fisch. ex C. A. Meyer
假香野豌豆、大叶草藤
豆科 Leguminosae 野豌豆属植物 ┃ **大叶野豌豆**

【形态特征】多年生草本，高 50—200cm。根茎粗壮、木质化，须根发达，表皮黑褐色或黄褐色。茎直立或攀缘，有棱，绿色或黄色，具黑褐斑。偶数羽状复叶，长 2—17cm；顶端卷须发达，有 2—3 分支，托叶戟形，长 0.8—1.5cm，边缘齿裂。总状花序长于叶，花序轴单一，长于叶；花萼斜钟状，萼齿短，短三角形，长 1mm；花多，通常 15—30，花冠紫色或蓝紫色，翼瓣、龙骨瓣与旗瓣近等长；子房无毛，胚珠 2—6，子房柄长，花柱上部四周被毛，柱头头状。荚果长圆形，扁平，棕黄色。种子 2—6，扁圆形，棕黄色、棕红褐色至褐黄色，种脐灰白色，长相当于种子圆周 1/3。花期 6—9 月，果期 8—10 月。

【分布与生境】产秦岭南北坡，极普遍；生于海拔 400—2000m 的草坡、谷底或灌丛中。

【食用部位与营养成分】嫩叶供蔬食，可作汤或炒食；富含蛋白质等营养成分。

【采收与加工】夏季采，晒干或鲜用。收获利用箭舌豌豆用以青饲、放牧、青贮、调制青干草均可。

【资源开发与保护】全草上部嫩茎叶入药，为清热解毒药，外用洗风湿、毒疮。本种抗寒力强，种子萌发力高，生长良好，牲畜喜食，可作饲料。

野菜植物
葛

【形态特征】粗壮藤本，长可达 8m，全体被黄色长硬毛，茎基部木质，有粗厚的块状根。羽状复叶具 3 小叶；托叶背着，卵状长圆形，具线条；小叶三裂，偶尔全缘，顶生小叶宽卵形或斜卵形。总状花序长 15—30cm，中部以上有颇密集的花；苞片线状披针形至线形，远比小苞片长，早落；花 2—3 朵聚生于花序轴的节上；花萼钟形，长 8—10mm，被黄褐色柔毛，裂片披针形，渐尖，比萼管略长；花冠长 10—12mm，紫色，旗瓣倒卵形，基部有 2 耳及 1 黄色硬痂状附属体，具短瓣柄，翼瓣镰状，较龙骨瓣为狭，基部有线形、向下的耳，龙骨瓣镰状长圆形，基部有极小、急尖的耳；对旗瓣的 1 枚雄蕊仅上部离生；子房线形，被毛。荚果长椭圆形，扁平，被褐色长硬毛。花期 9—10 月，果期 11—12 月。

【分布与生境】产秦岭南北坡；生于海拔 700—1580m 间的温暖湿润的山坡、路旁、沟岸或疏林中，常成片状出现。

【食用部位与营养成分】块根可制葛粉，供食用，花可食用；有效成分为黄豆苷元、黄苷及葛根素等。葛粉和花用于解酒。

【采收与加工】春、秋季采收块根；花期可采花。块根和开水捏揉成洁白的混合物，然后用白布过滤，把留下的汁做成饼状物，晒干后为干葛粉。

【资源开发与保护】茎皮纤维可拧绳、织葛布，并为造纸原料；叶为优良饲料；葛根供药用，有解表退热、生津止渴、止泻的功能，并能改善高血压病人的头晕、头痛、耳鸣等症状。种子可榨油。葛也是一种良好的水土保持植物。

Exochorda giraldii Hesse
纪氏白鹃梅、白鹃梅、刀木、红柄白娟梅、紫芯树、龙柏木
蔷薇科 Rosaceae 白鹃梅属植物

红柄白鹃梅

【形态特征】落叶灌木，高达 3—5m；小枝细弱，开展，圆柱形，无毛，幼时绿色，老时红褐色。叶片椭圆形、长椭圆形、稀长倒卵形，长 3—4cm，宽 1.5—3cm，先端急尖，突尖或圆钝，基部楔形、宽楔形至圆形，全缘；叶柄常红色，不具托叶。总状花序，有花 6—10 朵，花梗短或近于无梗；苞片线状披针形，全缘；花直径 3—4.5cm；萼筒浅钟状，内外两面均无毛；萼片短而宽，近于半圆形，先端圆钝，全缘；花瓣倒卵形或长圆倒卵形，长 2—2.5cm，宽约 1.5cm，先端圆钝，基部有长爪，白色；雄蕊 25—30，着生在花盘边缘；心皮 5，花柱分离。蒴果倒圆锥形，具 5 脊。花期 4—5 月，果期 7—9 月。

【分布与生境】产秦岭北坡陕西的渭南、华阴、长安、户县、周至、眉县和甘肃的天水，南坡陕西的山阳、略阳等县；生于海拔 1000—2000m 的干山坡灌木丛中。

【食用部位与营养成分】幼茎叶、花蕾、花可鲜食或加工成干品。粗纤维、可溶性糖、脂肪和维生素 C 等。

【采收与加工】4 月中上旬采集嫩茎叶和花，营养成分较丰富。

【资源开发与保护】红柄白鹃梅富含营养成分，是一种极具开发利用价值的木本野生蔬菜。植株强壮，花朵繁茂，观赏价值很高。根皮及树皮可入药，有通络止痛的功效，用于腰膝及筋骨酸痛。

野菜植物
朝天委陵菜

Potentilla supina L.
伏萎陵菜、仰卧委陵菜、铺地委陵菜、鸡毛菜
蔷薇科 Rosaceae 委陵菜属植物

【形态特征】一年生或二年生草本。主根细长，并有稀疏侧根。茎平展，上升或直立，叉状分枝。基生叶羽状复叶，有小叶 2—5 对；小叶互生或对生，无柄，最上面 1—2 对小叶基部下延与叶轴合生，小叶片长圆形或倒卵状长圆形，顶端圆钝或急尖，基部楔形或宽楔形，边缘有圆钝或缺刻状锯齿；茎生叶与基生叶相似，向上小叶对数逐渐减少。花茎上多叶，下部花自叶腋生，顶端呈伞房状聚伞花序；花直径 0.6—0.8cm；萼片三角卵形，顶端急尖，副萼片长椭圆形或椭圆披针形，顶端急尖，比萼片稍长或近等长；花瓣黄色，倒卵形，顶端微凹，与萼片近等长或较短；花柱近顶生，基部乳头状膨大，花柱扩大。瘦果长圆形，先端尖，表面具脉纹。花果期 3—10 月。花期 4—6 月，果期 7—9 月。

【分布与生境】产秦岭南北坡，很普遍；生于海拔 380—2100m 间的田边、荒地、河岸沙地、草甸、山坡湿地。

【食用部位与营养成分】嫩茎叶可食，块根煮稀饭，味香甜；也可酿酒。

【采收与加工】3—6 月摘嫩茎叶，先用开水烫过，冷水浸泡去涩味然后炒食；秋季或早春采挖块根，晾干或鲜用。

【资源开发与保护】朝天委陵菜全草含黄酮类化合物，具清热解毒，凉血，止痢。治疗感冒发热、肠炎、热毒泻痢、痢疾、血热及各种出血；鲜品外用于疮毒痈肿及蛇虫咬伤。

Potentilla discolor Bge.
鸡腿根、天藕、翻白萎陵菜、叶下白、鸡爪参
蔷薇科 Rosaceae 委陵菜属植物

翻白草

【形态特征】多年生草本。根粗壮，下部常肥厚呈纺锤形。花茎直立，上升或微铺散，高 10—45cm，密被白色绵毛。基生叶有小叶 2—4 对，间隔 0.8—1.5cm，连叶柄长 4—20cm，叶柄密被白色绵毛，有时并有长柔毛；小叶对生或互生，无柄，小叶片长圆形或长圆披针形，顶端圆钝，稀急尖，基部楔形、宽楔形或偏斜圆形，边缘具圆钝锯齿，茎生叶 1—2，有掌状 3—5 小叶。聚伞花序有花数朵至多朵，疏散，花梗长 1—2.5cm，外被绵毛；花直径 1—2cm；萼片三角状卵形，副萼片披针形，比萼片短，外面被白色绵毛；花瓣黄色，倒卵形，顶端微凹或圆钝，比萼片长；花柱近顶生，基部具乳头状膨大，柱头稍微扩大。瘦果近肾形，宽约 1mm，光滑。花期 5—7 月，果期 8—9 月。

【分布与生境】秦岭南北坡均分布；生于海拔 450—1800m 间的生荒地、山谷、沟边、山坡草地、草甸及疏林下。

【食用部位与营养成分】嫩茎叶、幼苗和根可食。富含维生素 C、蛋白质、脂肪及粗纤维等。

【采收与加工】3—6 月摘嫩茎叶，用热水焯熟后，再用凉水浸泡半天，去掉苦涩之味，可凉拌、炒食、做汤、做馅等。未开花前连根挖取，晾干或鲜用。

【资源开发与保护】翻白草全草入药，能解热、消肿、止痢、止血。块根含丰富淀粉。

野菜植物

路边青

Geum aleppicum Jacq.
水杨梅、追风草、兰布政
蔷薇科 Rosaceae 路边青属

【形态特征】多年生草本。高 30—100cm。基生叶为大头羽状复叶，通常有小叶 2—6 对，顶生小叶最大，菱状广卵形或宽扁圆形，长 4—8cm，宽 5—10cm，顶端急尖或圆钝，基部宽心形至宽楔形；茎生叶羽状复叶，向上小叶逐渐减少，顶生小叶披针形或倒卵披针形，顶端常渐尖或短渐尖，基部楔形。花序顶生，疏散排列，花梗被短柔毛或微硬毛；花直径 1—1.7cm；花瓣黄色，比萼片长；萼片卵状三角形，顶端渐尖，副萼片狭小，披针形，顶端渐尖稀 2 裂，比萼片短 1 倍多；花柱顶生，在上部 1/4 处扭曲，成熟后自扭曲处脱落。聚合果倒卵球形，瘦果被长硬毛，花柱宿存部分无毛，顶端有小钩。花期 6 月，果期 8—9 月。

【分布与生境】秦岭南北坡普遍分布，生于海拔 700—3000m 的山坡草地、林缘、林下或山谷草地及沟边。

【食用部位与营养成分】嫩叶可做野菜食用。全草含鞣质、三萜和黄酮类化合物等。

【采收与加工】春、夏季采集幼苗和嫩叶，用沸水焯一下，换清水浸泡 3—5 分钟炒食、做汤、和面蒸食或煮菜粥均可。

【资源开发与保护】路边青秦岭野生资源较为丰富，生长旺盛，可进一步开发利用。全株含鞣质，可提制栲胶；全草入药，有祛风、除湿、止痛、镇痉之效；种子含干性油，可用制肥皂和油漆。

Urtica cannabina Linn.
鸡头米、鸡头莲、火麻、鸡头荷、蝎子草、赤麻子
荨麻科 Urticaceae 荨麻属

麻叶荨麻

【形态特征】多年生草本，横走的根状茎木质化。茎高 50—150cm，下部粗达 1cm，四棱形。叶片轮廓五角形，掌状 3 全裂。花单性，花雌雄同株，雄花序圆锥状；雌花序生上部叶腋，常穗状，有时在下部有少数分枝，长 2—7cm，序轴粗硬，直立或斜展。雄花具短梗；花被片 4，合生至中部；雌花序有极短的梗。瘦果狭卵形，顶端锐尖，稍扁，长 2—3mm，熟时变灰褐色，表面有明显或不明显的褐红色点。花期 7—8 月，果期 8—10 月。

【分布与生境】产秦岭西端，仅见陕西的宝鸡和甘肃的天水娘坝一带；生于海拔 800—2600m 的低山坡或路旁。

【食用部位与营养成分】麻叶荨麻幼嫩可作蔬菜食用。富含蛋白质、脂肪和多种维生素，还含有挥发油、有机酸和 α—香树脂醇等成分。

【采收与加工】采集幼嫩麻叶荨麻茎叶作蔬菜，烹制加工成各种各样的菜肴，有凉拌、汤菜、烤菜、荨麻汁、饮料和调料等，或制作馅饼食用。

【资源开发与保护】麻叶荨麻瘦果含油约 20%，味道独特，有强身健体的功能；茎皮纤维可作纺织原料；全草入药治风湿、糖尿病，解虫咬等。

野菜植物
绞股蓝

Gynostemma pentaphyllum (Thunb.) Makino
七叶胆、五叶参、七叶参、小苦药
葫芦科 Cucurbitaceae 绞股蓝属植物

【形态特征】草质攀缘植物；茎细弱，具分枝，具纵棱及槽。叶膜质或纸质，鸟足状，具 3—9 小叶，通常 5—7 小叶，小叶片卵状长圆形或披针形，中央小叶长 3—12cm，宽 1.5—4cm，侧生小较小，侧脉 6—8 对。花雌雄异株，雄花圆锥花序；花萼筒极短，5 裂；花冠淡绿色或白色，5 深裂；雄蕊 5，花丝短，联合成柱，花药着生于柱之顶端。雌花圆锥花序远较雄花之短小，花萼及花冠似雄花；子房球形，2—3 室，花柱 3 枚，短而叉开，柱头 2 裂；具短小的退化雄蕊 5 枚。果实肉质不裂，球形，直径 5—6mm，成熟后黑色，内含倒垂种子 2 粒。种子卵状心形，径约 4mm，灰褐色或深褐色，顶端钝，基部心形，压扁，两面具乳突状凸起。花期 7 月，果期 5—7 月。

【分布与生境】秦岭各地有普遍种植和栽培。

【食用部位与营养成分】果实作蔬菜。绞股蓝茶取材于绞股蓝叶腋部位的嫩芽和龙须，汤色清澈，可连续冲泡 4 — 6 杯，而汤色不减，所含营养物质有保健功能。

【采收与加工】每年夏、秋两季可采收 3—4 次，洗净、晒干。

【资源开发与保护】本种入药，有消炎解毒、止咳祛痰的功效。绞股蓝制成茶对人体有很好的益处，长期饮用，无任何毒副作用。

【形态特征】草本，全株被柔毛。根茎稍肥厚。茎细弱，多分枝，直立或匍匐，匍匐茎节上生根。叶基生或茎上互生；小叶 3，无柄，倒心形，先端凹入，基部宽楔形。花单生或数朵集为伞形花序状，腋生，总花梗淡红色，与叶近等长；花梗长 4—15mm，果后延伸；萼片 5，披针形或长圆状披针形，长 3—5mm，背面和边缘被柔毛，宿存；花瓣 5，黄色，长圆状倒卵形，长 6—8mm，宽 4—5mm；雄蕊 10，花丝白色半透明，有时被疏短柔毛，基部合生，长、短互间，长者花药较大且早熟；子房长圆形，5 室，被短伏毛，花柱 5，柱头头状。蒴果长圆柱形，5 棱。种子长卵形，褐色或红棕色，具横向肋状网纹。花期 5—8 月；果期 6—9 月。

【分布与生境】秦岭南北坡均产；生于山沟、路边、沟渠和荒芜草地。

【食用部位与营养成分】酢浆草茎叶可作蔬菜食用。含蛋白质，脂肪，碳水化合物，钙、磷、铁，胡萝卜素，维生素。其中磷和维生素 C 的含量较高，全草含柠檬酸、苹果酸、酒石酸及大量草酸盐等。

【采收与加工】四季可食，但秋冬营养最丰富，适蔬食；夏秋有果，入药效果好。

【资源开发与保护】酢浆草全草入药，酸寒无毒，能解毒、利尿、消肿。茎叶含草酸，可用以磨镜或擦铜器，使其具光泽。

野菜植物
紫花地丁

Viola philippica Cav.
野堇菜、光瓣堇菜、光萼堇菜、辽堇菜
堇菜科 Violaceae 堇菜属植物

【形态特征】多年生草本，无地上茎，高4—14cm，果期高可达20余cm。根状茎短，垂直，淡褐色。叶多数，基生，莲座状；果期叶片增大，长可达10余cm，宽可达4cm；叶柄在花期通常长于叶片1—2倍，上部具极狭的翅，果期长可达10余cm，上部具较宽之翅。花中等大，紫堇色或淡紫色，喉部色较淡并带有紫色条纹；花梗通常多数细弱，与叶片等长或高出于叶片，中部附近有2枚线形小苞片；萼片卵状披针形或披针形；花瓣倒卵形或长圆状倒卵形，侧方花瓣长，1—1.2cm，下方花瓣连距长1.3—2cm，里面有紫色脉纹；距细管状，长4—8mm，末端圆；子房卵形，花柱棍棒状，比子房稍长，柱头三角形，两侧及后方稍增厚成微隆起的缘边，顶部略平，前方具短喙。蒴果长圆形，种子卵球形，淡黄色。花期3—5月，果期6—8月。

【分布与生境】秦岭南北坡均产；生于海拔400—1330m的山沟、路边、沟渠、草地和荒芜草地。

【食用部位与营养成分】幼苗或嫩茎可作蔬菜食用。含蛋白质，可溶性糖，氨基酸，多种维生素及矿物质元素。

【采收与加工】春夏季节均可采集幼苗和嫩叶，用沸水焯一下，换清水浸泡3—5分钟炒食、做汤、和面蒸食或煮菜粥均可。种子成熟后不用采撷，任其随风洒落，自然繁殖，10月左右便可达到满意的效果。

【资源开发与保护】全草供药用，能清热解毒，凉血消肿。可作早春观赏花卉。

Viola acuminata Ledeb.
鸡腿菜、胡森堇菜、红铧头草
堇菜科 Violaceae 堇菜属植物

鸡腿堇菜

【形态特征】多年生草本，通常无基生叶。根状茎较粗，垂直或倾斜，密生多条淡褐色根。茎直立，通常2—4条丛生，高10—40cm。叶片心形、卵状心形或卵形，长1.5—5.5cm，宽1.5—4.5cm，先端锐尖、短渐尖至长渐尖，基部通常心形，边缘具钝锯齿及短缘毛，两面密生褐色腺点，沿叶脉被疏柔毛；花淡紫色或近白色，具长梗；花梗细，被细柔毛，通常均超出于叶，中部以上或在花附近具2枚线形小苞片；萼片线状披针形，外面3片较长而宽，先端渐尖，基部附属物长约2—3mm，末端截形或有时具1—2齿裂，上面及边缘有短毛，具3脉；花瓣有褐色腺点，上方花瓣与侧方花瓣近等长，上瓣向上反曲，侧瓣里面近基部有长须毛，下瓣里面常有紫色脉纹，连距长0.9—1.6cm；距通常直，长1.5—3.5mm，呈囊状，末端钝；下方2枚雄蕊之距短而钝；子房圆锥状，无毛，花柱基部微向前膝曲，向上渐增粗，顶部具数列明显的乳头状凸起，先端具短喙，喙端微向上嘬，具较大的柱头孔。蒴果椭圆形。花期3—4月，果期6—7月。

【分布与生境】秦岭南北坡普遍分布；生于海拔700—1800m林下、山沟、路边或草地上。

【食用部位与营养成分】嫩叶可作为野菜。含蛋白质，可溶性糖，氨基酸，多种维生素及矿物质元素。

【采收与加工】春秋采集嫩叶，洗净晾干。

【资源开发与保护】全草民间供药用，能清热解毒，排脓消肿；适合大面积种植。

野菜植物
旱柳

Salix matsudana Koidz
柳树、河柳、江柳、立柳、直柳
杨柳科 Salicaceae 柳属植物

【形态特征】落叶乔木,高达可达20m,胸径达80cm。大枝斜上,树冠广圆形;树皮暗灰黑色,有裂沟;枝细长,直立或斜展,浅褐黄色或带绿色,后变褐色。叶披针形,长5—10cm,宽1—1.5cm,先端长渐尖,基部窄圆形或楔形,上面绿色,无毛,有光泽,下面苍白色或带白色,有细腺锯齿缘,幼叶有丝状柔毛。花序与叶同时开放;雄花序圆柱形,长1.5—2.5cm,粗6—8mm,多少有花序梗,轴有长毛;雄蕊2,花丝基部有长毛,花药卵形,黄色;腺体2;雌花序较雄花序短,长达2cm,粗4mm,有3—5小叶生于短花序梗上,轴有长毛;子房长椭圆形,近无柄,无毛,无花柱或很短,柱头卵形,近圆裂;苞片同雄花;腺体2,背生和腹生。果序长达2cm。花期3—4月,果期4—5月。

【分布与生境】秦岭低山地区广为栽培。

【食用部位与营养成分】嫩枝叶可蔬食,其蛋白质和脂肪含量均较高。

【采收与加工】春季采收嫩叶及枝条,鲜用或晒干。须根、根皮、树皮四季可采。

【资源开发与保护】以枝、叶、树皮、根皮、须根等入药。枝、叶夏季采,旱柳枝条柔软,树冠丰满,是中国北方常用的庭荫树、行道树。亦用作公路树、防护林及沙荒造林,是早春蜜源树种。旱柳木制坚韧、花纹秀丽、色泽柔和、简洁清雅,宜制作家具和用于雕刻。细的柳支可用于编制柳筐柳帽等用具和其他轻巧的工艺品。

Acalypha australis L.
海蚌含珠、蚌壳草
大戟科 Euphorbiaceae 铁苋菜属植物

野菜植物
铁苋菜

113

【形态特征】一年生草本，高 0.2—0.5m，小枝细长。叶膜质，长卵形、近菱状卵形或阔披针形，长 3—9cm，宽 1—5cm，顶端短渐尖，基部楔形，边缘具圆锯；基出脉 3 条，侧脉 3 对。雌雄花同序，花序腋生，稀顶生，长 1.5—5cm，花序梗长 0.5—3cm，花序轴具短毛，雌花苞片 1—2 枚，卵状心形，花后增大，长 1.4—2.5cm，宽 1—2cm，边缘具三角形齿；苞腋具雌花 1—3 朵；花梗无；雄花生于花序上部，排列呈穗状或头状，雄花苞片卵形，苞腋具雄花 5—7 朵，簇生；雄花：花蕾时近球形，花萼裂片 4 枚，卵形，雄蕊 7—8 枚；雌花：萼片 3 枚，长卵形，花柱 3 枚，撕裂 5—7 条。蒴果直径 4mm，具 3 个分果爿，果皮具疏生毛和毛基变厚的小瘤体；种子近卵状，种皮平滑，假种阜细长。花期 7—9 月，果期 8—10 月。

【分布与生境】秦岭南北坡各县均产；多生于低山或者平川地带。

【食用部位与营养成分】铁苋菜可以嫩叶食用，营养丰富，富含蛋白质、脂肪、胡萝卜素和钙，为民间野菜品种之一。

【采收与加工】春夏采集嫩叶食用；夏、秋季采割，除去杂质，晒干入药。

【资源开发与保护】全草含铁苋菜碱，有止血、抗菌、止痢、解毒等功能，药用全草，用以防治肠炎病，对烂鳃病也有效。铁苋菜是国家三类新药苋菜黄连素胶囊的主要原料。

香椿

Toona sinensis (A. Juss.) Roem.
椿、春阳树、春甜树、椿芽、毛椿
楝科 Meliaceae 香椿属植物

【形态特征】乔木；树皮粗糙，深褐色，片状脱落。叶具长柄，偶数羽状复叶，长30—50cm或更长；小叶16—20，对生或互生，纸质，卵状披针形或卵状长椭圆形，长9—15cm，宽2.5—4cm，先端尾尖，基部一侧圆形，另一侧楔形，不对称，边全缘或有疏离的小锯齿，背面常呈粉绿色，侧脉每边18—24条，平展，与中脉几成直角开出，背面略凸起。圆锥花序与叶等长或更长，小聚伞花序生于短的小枝上，多花；花长4—5mm，具短花梗；花萼5齿裂或浅波状，外面被柔毛，且有睫毛；花瓣5，白色，长圆形，先端钝；雄蕊10，其中5枚能育，5枚退化；花盘无毛，近念珠状；子房圆锥形，有5条细沟纹，每室有胚珠8颗，花柱比子房长，柱头盘状。蒴果狭椭圆形，深褐色，有小而苍白色的皮孔，果瓣薄；种子基部通常钝，上端有膜质的长翅，下端无翅。花期6—8月，果期10—12月。

【分布与生境】秦岭南北坡均产，多栽培；生于海拔400—1500m的山坡及村边。

【食用部位与营养成分】幼芽、嫩叶芳香可口，供蔬食；富含蛋白质、维生素C_1及微量元素，如磷、铁等。

【采收与加工】春季采集幼芽嫩叶食用。

【资源开发与保护】香椿种子、根和树皮可入药，有防治感冒和肠炎的功效。木材黄褐色而具红色环带，纹理美丽，质坚硬，有光泽，耐腐力强，易施工，为家具、室内装饰品及造船的优良木材。

Malva sinensis Cavan.

荆葵、钱葵、小钱花、金钱紫花葵、冬苋菜

锦葵科 Malvaceae 锦葵属植物

锦葵

【形态特征】二年生或多年生直立草本，高 50—90cm，分枝多，疏被粗毛。叶圆心形或肾形，具 5—7 圆齿状钝裂片，长 5—12cm，宽几相等，基部近心形至圆形，边缘具圆锯齿，两面均无毛或仅脉上疏被短糙伏毛。花 3—11 朵簇生，花梗长 1—2cm；小苞片 3，长圆形，先端圆形，疏被柔毛；萼状，萼裂片 5，宽三角形，两面均被星状疏柔毛；花紫红色或白色，花瓣 5，匙形，先端微缺，爪具髯毛；雄蕊柱长 8—10mm，被刺毛；花柱分枝 9—11。果扁圆形，分果爿 9—11，肾形；种子黑褐色，肾形。花期 6—7 月，果期 8—9 月。

【分布与生境】秦岭南北坡均产，野生或栽培。

【食用部位与营养成分】嫩茎叶供蔬食；富含蛋白质、钙、维生素 C 及微量元素，如磷、铁等。

【采收与加工】春季采集幼芽嫩叶食用。

【资源开发与保护】除观赏作用外，锦葵花还有药用价值，可用来做香茶，在蓝色的茶滴入柠檬可变为粉红色，因此受到欢迎。茎、叶、花：咸，寒；清热利湿，理气通便。

诸葛菜

Orychophragmus violaceus (L.) O. E. Schulz
二月蓝
十字花科 Cruciferae 诸葛菜属植物

【形态特征】一年或二年生草本,高10—50cm;茎单一,直立,基部或上部稍有分枝,浅绿色或带紫色。基生叶及下部茎生叶大头羽状全裂,顶裂片近圆形或短卵形,顶端钝,基部心形,有钝齿,侧裂片2—6对,卵形或三角状卵形,越向下越小,偶在叶轴上杂有极小裂片,全缘或有牙齿,叶柄基部耳状,抱茎,边缘有不整齐牙齿。花紫色、浅红色或褪成白色;花萼筒状,紫色,萼片长约3mm;花瓣宽倒卵形,长1—1.5cm,宽7—15mm,密生细脉纹,爪长3—6mm。长角果线形,长7—10cm。具4棱,裂瓣有1凸出中脊。种子卵形至长圆形,稍扁平,黑棕色,有纵条纹。花期3—4月,果期4—5月。

【分布与生境】秦岭北坡普遍分布;生于山坡林下、路旁或地边。各地均有栽培。

【食用部位与营养成分】嫩茎叶开水焯后再放入冷水中浸泡,直至无苦味时便可炒食或凉拌菜。含胡萝卜素、维生素及亚油酸。

【采收与加工】采集一般在3—4月份进行。采后只需用开水焯一下,去掉苦味即可食用。

【资源开发与保护】全株具药用价值。花是珍贵的蜜源资源。种子可作为优良的油料作物。诸葛菜是集观赏、食用、保健于一身的优良植物,具有广阔的推广价值。

碎米荠

Cardamine hirsuta L.
宝岛碎米荠、见肿消、毛碎米荠、雀儿菜
十字花科 Cruciferae 碎米荠属植物

【形态特征】一年生小草本，高 15—35cm。茎直立或斜升，分枝或不分枝，下部有时淡紫色。基生叶具叶柄，有小叶 2—5 对，顶生小叶肾形或肾圆形，边缘有 3—5 圆齿，小叶柄明显，侧生小叶卵形或圆形，较顶生的形小，基部楔形而两侧稍歪斜，边缘有 2—3 圆齿，有或无小叶柄；茎生叶具短柄，有小叶 3—6 对，生于茎下部的与基生叶相似，生于茎上部的顶生小叶菱状长卵形，顶端 3 齿裂，侧生小叶长卵形至线形，多数全缘。总状花序生于枝顶，花小，直径约 3mm；萼片绿色或淡紫色，长椭圆形，长约 2mm，边缘膜质；花瓣白色，倒卵形，顶端钝，向基部渐狭；花丝稍扩大；雌蕊柱状，花柱极短，柱头扁球形。长角果线形，稍扁。种子椭圆形，顶端有的具明显的翅。花期 3—4 月，果期 5—6 月。

【分布与生境】秦岭南北坡均产，生于海拔 700—1000m 的山坡、路旁、渠岸等地。

【食用部位与营养成分】全草可作野菜食用。富含蛋白质、脂肪、碳水化合物、多种维生素和矿物质元素等。

【采收与加工】早春采摘嫩苗、嫩茎叶，鲜用、盐渍。若单用根状茎入药，需除去地上部分及须根，鲜用或晒干用。

【资源开发与保护】碎米荠也供药用，能清热去湿。

野菜植物

大叶碎米荠

Cardamine macrophylla Willd.
石芥菜
十字花科 Cruciferae 碎米荠属植物

【形态特征】多年生草本，高 15—50cm；根状茎细长呈鞭状，匍匐生长。茎单一，不分枝。基生叶有长叶柄；小叶 3—5 对，顶生小叶与侧生小叶的形态和大小相似，长椭圆形，顶端短尖，边缘具钝齿，基部呈楔形或阔楔形，无小叶柄；茎生叶通常只有 3 枚，着生于茎的中、上部，有叶柄，小叶 3—5 对，与基生的相似。总状花序有 10 几朵花；外轮萼片长圆形，内轮萼片长椭圆形，基部囊状，长 5—7mm，边缘白色膜质，外面带紫红色；花瓣紫红色或淡紫色，倒卵状楔形，顶端截形，基部渐狭成爪；花丝扁而扩大、花药狭卵形；雌蕊柱状，花柱与子房近等粗，柱头不显著。长角果线形。种子长椭圆，褐色。花期 5—7 月，果期 6—8 月。

【分布与生境】秦岭南北坡普遍分布；生于海拔 1000—3000m 的山坡、山谷林下、沟边、石隙潮湿处。

【食用部位与营养成分】嫩叶及茎供蔬食，可炒食、上汤或凉拌。富含蛋白质、膳食纤维、氨基酸、矿物质元素和多种维生素等。

【采收与加工】大叶碎米荠采集的新鲜大叶碎米荠用清水洗净后，置于沸水中焯 1—2 分钟，上下不断翻动，使之受热均匀，待原料变软后用漏勺及时捞出，在冷水中迅速冷却，以保持色泽鲜绿；将焯后的大叶碎米荠薄摊在通风的竹帘上晾干或在烘箱中烘干，但干燥过程中要注意翻动使其受热均匀，待烘干后用塑料袋真空包装。也可自然脱水后腌制。

【资源开发与保护】全草入药，清热利湿，并可治黄水疮；花治筋骨疼痛。嫩叶及茎供蔬食，营养丰富，是一种值得开发的野生植物资源。

Cardamine leucantha (Tausch) O. E. Schulz
山芥菜
十字花科 Cruciferae 碎米荠属植物

白花碎米荠

【形态特征】多年生草本，高30—75cm。根状茎短而匍匐，着生多数粗线状、长短不一的匍匐茎，其上生有须根。茎单一，不分枝，有时上部有少数分枝，表面有沟棱、密被短绵毛或柔毛。基生叶有长叶柄，小叶2—3对，顶生小叶卵形至长卵状披针形，顶端渐尖，边缘有不整齐的钝齿或锯齿，基部楔形或阔楔形，侧生小叶的大小、形态和顶生相似，但基部不等、有或无小叶柄；茎中部叶有较长的叶柄，通常有小叶2对；茎上部叶有小叶1—2对，小叶阔披针形，较小；全部小叶干后带膜质而半透明。总状花序顶生，花后伸长；萼片长椭圆形；花瓣白色，长圆状楔形；花丝稍扩大；雌蕊细长；子房有长柔毛，柱头扁球形。长角果线形，种子长圆形，栗褐色。花期4—7月，果期6—8月。

【分布与生境】秦岭南北坡均产；生于海拔1000—2000m的山坡、山谷林下或河边等潮湿处。

【食用部位与营养成分】嫩茎叶供蔬食，用沸水焯过，换凉水浸泡1—3天，凉拌、蘸酱、炒食、做馅、做汤。含蛋白质、脂肪、碳水化合物、粗纤维、胡萝卜素、硫胺素、核黄素、抗坏血酸、叶酸、钙、磷、铁等。

【采收与加工】早春采摘嫩苗、嫩茎叶，鲜用、盐渍。若单用根状茎入药，需除去地上部分及须根，鲜用或晒干用。

【资源开发与保护】全草晒干，民间用以代茶叶；根状茎可治气管炎。全草及根状茎能清热解毒，化痰止咳。

野菜植物

荠

Capsella bursa-pastoris (Linn.) Medic.
荠菜、菱角菜、荠草
十字花科 Cruciferae 荠属植物

【形态特征】一年或二年生草本，高 10—50cm；茎直立，单一或从下部分枝。基生叶丛生呈莲座状，大头羽状分裂，长可达 12cm，宽可达 2.5cm，顶裂片卵形至长圆形，侧裂片 3—8 对，长圆形至卵形，顶端渐尖，浅裂或有不规则粗锯齿或近全缘；茎生叶窄披针形或披针形，基部箭形，抱茎，边缘有缺刻或锯齿。总状花序顶生及腋生，果期延长达 20cm；萼片长圆形，花瓣白色，卵形，长 2—3mm，有短爪。短角果倒三角形或倒心状三角形，扁平，顶端微凹，裂瓣具网脉；花柱长约 0.5mm；果梗长 5—15mm。种子 2 行，长椭圆形，浅褐色。花期 3—4 月，果期 5—6 月。

【分布与生境】秦岭南北坡普遍分布；生于海拔 400—2300m 的山坡、荒地、路边、地埂、宅旁等处。

【食用部位与营养成分】嫩株和茎叶供蔬食，炒食、煮食、包饺子或做汤用均可。营养价值很高，含有 7 种有机酸、11 种氨基酸、7 种糖分和多种无机盐。

【采收与加工】一般早春采摘嫩苗、嫩茎叶，鲜用、盐渍。

【资源开发与保护】全草入药，有利尿、止血、清热、明目、消积功效；种子含油 20%—30%，属干性油，供制油漆及肥皂用。

野菜植物

Lepidium apetalum Willd.
腺独行菜、 辣椒菜、尿溜溜、北葶苈子
十字花科 Cruciferae 独行菜属植物

独行菜

121

【形态特征】一年或二年生草本，高 5—30cm；茎直立，有分枝。基生叶窄匙形，一回羽状浅裂或深裂，长 3—5cm，宽 1—1.5cm；叶柄长 1—2cm；茎上部叶线形，有疏齿或全缘。总状花序在果期可延长至 5cm；萼片早落，卵形，长约 0.8mm，外面有柔毛；花瓣不存或退化成丝状，比萼片短；雄蕊 2 或 4。短角果近圆形或宽椭圆形，扁平，长 2—3mm，宽约 2mm，顶端微缺，上部有短翅，隔膜宽不到 1mm；果梗弧形，长约 3mm。种子椭圆形，长约 1mm，平滑，棕红色。花期 4—5 月，果期 6—7 月。

【分布与生境】秦岭南北坡均产；生于海拔 400—2000m 的山坡、山沟、荒地、路边、地埂、村旁等处。

【食用部位与营养成分】嫩茎叶作野菜食用。种子含脂肪油、芥子苷、蛋白质、糖类等。

【采收与加工】播种后 15—20 天，当植株具有 6—9 片叶时，即可全株收获。或者当植株高度超过 15cm 到开花前采摘嫩茎叶进行收获。

【资源开发与保护】全草及种子供药用，有利尿、止咳、化痰功效；种子作葶苈子用，亦可榨油。

野菜植物
山萮菜

Eutrema yunnanense Franch.
云南山萮菜
十字花科 Cruciferae 山萮菜属植物

【形态特征】多年生草本，高 30—80cm。根茎横卧，粗约 1cm，具多数须根。近地面处生数茎，直立或斜上升，表面有纵沟，下部无毛，上部有单毛。基生叶具柄，长 25—35cm；叶片近圆形，长 7—16cm，宽 7—10cm，基部深心形，边缘具波状齿或牙齿；茎生叶具柄，柄长 5—30mm，向上渐短，叶片向上渐小，长卵形或卵状三角形，顶端渐尖，基部浅心形，边缘有波状齿或锯齿。花序密集呈伞房状，果期伸长；花梗长 5—10mm；萼片卵形，长约 1.5mm；花瓣白色，长圆形，长 3.5—6mm，顶端钝圆，有短爪。角果长圆筒状，长 7—15mm，宽 1—2mm，两端渐窄；果瓣中脉明显；果梗纤细，长 8—16mm，向下反折，角果常翘起。种子长圆形，褐色。花期 3—4 月，果期 5 月。

【分布与生境】秦岭南北坡均有分布；生于海拔 1000—3500m 林下或山坡草地上。

【食用部位与营养成分】嫩叶和根茎作野菜食用，根茎口感好、呈绿色，有香、辛、甘、黏四种特色风味，是一种高海拔森林中生长的纯正的绿色调味品，含蛋白质、多种氨基酸、脂肪、维生素、异硫氰酸脂等。

【采收与加工】夏秋季间采根茎，洗净、去皮后磨成泥状，供调味用。

【资源开发与保护】山萮菜是一种生长于海拔 1300—2500m 高寒山区林荫下的珍稀辛香植物蔬菜。根茎作野菜食用，有丰富的营养成分，还含有免疫调节作用和抗菌、抗癌、抗氧化等多种药理作用。

Rumex acetosa L.
遏蓝菜、酸溜溜、山菠菜、山大黄、山羊蹄
蓼科 Polygonaceae 酸模属植物

酸模

【形态特征】多年生草本。根为须根。茎直立，高 40—100cm，具深沟槽，通常不分枝。基生叶和茎下部叶箭形，长 3—12cm，宽 2—4cm，顶端急尖或圆钝，基部裂片急尖，全缘或微波状；茎上部叶较小，具短叶柄或无柄；托叶鞘膜质，易破裂。花序狭圆锥状，顶生，分枝稀疏；花单性，雌雄异株；花梗中部具关节；花被片 6，2 轮，雄花内花被片椭圆形，长约 3mm，外花被片较小，雄蕊 6；雌花内花被片果时增大，近圆形，直径 3.5—4mm，全缘，基部心形，网脉明显，基部具极小的小瘤，外花被片椭圆形，反折。瘦果椭圆形，具 3 锐棱，两端尖，黑褐色。花期 5—7 月，果期 6—8 月。

【分布与生境】秦岭南北坡均分布；生于低山至海拔 3100m 的高山潮湿山沟、林缘和草地。

【食用部位与营养成分】嫩茎叶味酸，可生食。植株可作为料理调味用，含有丰富的维生素 A、维生素 C 及草酸，草酸导致此植物尝起来有酸溜口感。

【采收与加工】一般在夏、秋季采收，其食用部位是根部和嫩茎叶，采摘后，用清水洗干净，然后放入开水中稍焯一下，捞出后可凉拌、炒菜。

【资源开发与保护】酸模的中药价值非常高，可以外用，也可以内服。酸模可以治疗凉血、解毒、通便、杀虫。

【形态特征】一年生草本，高 40—70cm。茎直立，多分枝，节部膨大。叶披针形或椭圆状披针形，顶端渐尖，基部楔形，边缘全缘，具缘毛，被褐色小点，有时沿中脉具短硬伏毛，具辛辣味，叶腋具闭花受精花；托叶鞘筒状，膜质，褐色，长 1—1.5cm，疏生短硬伏毛，顶端截形，具短缘毛，通常托叶鞘内

藏有花簇。总状花序呈穗状，顶生或腋生，长 3—8cm，通常下垂，花稀疏，下部间断；苞片漏斗状，长 2—3mm，绿色，边缘膜质，疏生短缘毛，每苞内具 3—5 花；花梗比苞片长；花被 5 深裂，绿色，上部白色或淡红色，被黄褐色透明腺点，花被片椭圆形，长 3—3.5mm；雄蕊 6，比花被短；花柱 2—3，柱头头状。瘦果卵形，双凸镜状或具 3 棱，密被小点，黑褐色，包于宿存花被内。花期 8—9 月，果期 9—10 月。

【分布与生境】秦岭南北坡均有分布；生于海拔 450—1500m 的河滩、沟边、水旁、山谷湿地。

【食用部位与营养成分】嫩茎叶、嫩苗供蔬食，富含胡萝卜素、维生素及钙、磷等。全草含蓼黄素、蓼黄素 –7– 甲醚、染料鼠李素、芦丁、金丝桃苷、槲皮苷、槲皮黄苷。

【采收与加工】一般每年 3—4 月份采摘嫩苗、嫩叶，食用；夏、秋两季采挖全草或根，洗净，鲜用或晒干药用。

【资源开发与保护】叶具辣味，可作为调味剂。全草入药，消肿解毒、利尿、止痢。

Polygonum aviculare Linn.
扁竹、竹叶草
蓼科 Polygonaceae 蓼属植物

萹蓄

【形态特征】一年生草本。茎平卧、上升或直立，高 10—40cm，自基部多分枝，具纵棱。叶椭圆形，狭椭圆形或披针形，顶端钝圆或急尖，基部楔形，边缘全缘，下面侧脉明显；叶柄短或近无柄，基部具关节；托叶鞘膜质，下部褐色，上部白色，撕裂脉明显。花单生或数朵簇生于叶腋，遍布于植株；苞片薄膜质；花梗细，顶部具关节；花被 5 深裂，花被片椭圆形，长 2—2.5mm，绿色，边缘白色或淡红色；雄蕊 8，花丝基部扩展；花柱 3，柱头头状。瘦果卵形，具 3 棱，黑褐色，密被由小点组成的细条纹，与宿存花被近等长或稍超过。花期 4—8 月，果期 6—9 月。

【分布与生境】秦岭南北坡极为普遍；生于海拔 450—2500m 的路旁、草地、荒地沟边和河滩湿地，性喜湿润。

【食用部位与营养成分】嫩茎叶可作蔬菜食用。含萹蓄苷、槲皮苷、儿茶精、没食子酸、咖啡酸、草酸、硅酸、绿原酸、香豆酸、黏质、葡萄糖、果糖及蔗糖。

【采收与加工】作蔬菜食用时，采集嫩茎叶经水浸泡后，可炒食或者凉拌食用。药用时，在芒种至小暑期间茎叶生长茂盛的时候采收，割取地上的部分，经去杂质、清洗、浸软、切段后晒干。

【资源开发与保护】全草供药用，有通经利尿、清热解毒功效。也可制成农药，对青虫、蟒象有显著毒杀作用。

野菜植物
杠板归

Polygonum perfoliatum L.
刺犁头、老虎刺，犁尖草、贯叶蓼、犁壁刺、蛇倒退
蓼科 Polygonaceae 蓼属植物

【形态特征】一年生草本。茎攀缘，多分枝，长 1—2m，具纵棱，沿棱具稀疏的倒生皮刺。叶三角形，顶端钝或微尖，基部截形或微心形，薄纸质；叶柄与叶片近等长，具倒生皮刺，盾状着生于叶片的近基部；托叶鞘叶状，草质，绿色，圆形或近圆形，穿叶，直径 1.5—3cm。总状花序呈短穗状，不分枝顶生或腋生，长 1—3cm；苞片卵圆形，每苞片内具花 2—4 朵；花被 5 深裂，白色或淡红色，花被片椭圆形，果时增大，呈肉质，深蓝色；雄蕊 8；花柱 3，上部合生；柱头头状。瘦果球形，黑色，有光泽，包于宿存花被内。花期 6—8 月，果期 7—10 月。

【分布与生境】秦岭南北坡均有分布；生于海拔 700—1300m 的沟岸、路旁、田边。

【食用部位与营养成分】嫩叶和果实供蔬食，富含维生素和碳水化合物等。含萹蓄苷、槲皮苷、儿茶精、没食子酸、咖啡酸、草酸、硅酸、绿原酸、香豆酸、黏质、葡萄糖、果糖及蔗糖。

【采收与加工】春夏季采集嫩茎叶，开水焯后，凉拌或炒菜食用。药用时，在芒种至小暑期间茎叶生长茂盛的时候采收，割取地上的部分，经去杂质、清洗、浸软、切段后晒干。

【资源开发与保护】杠板归全草供药用，清热解毒和消炎止痛等功效。对促进人体代谢，清除身体内积存的毒素有一定的好处。

Silene conoidea L.

净瓶、香炉草、米瓦罐、麦黄菜、面条菜、灯笼草、瓶罐花
石竹科 Caryophyllaceae 蝇子草属植物

野菜植物
麦瓶草

127

【形态特征】一年生草本。全株被腺毛。主根圆柱细长。茎直立，节明显而膨大，叉状分枝。基生叶匙形；茎生叶对生，椭圆披针形或披针形，先端钝尖，基部渐窄，全缘。花两性；1—3 朵成顶生及腋生聚伞花序，花梗细长；花萼长锥形，上端窄缩，下部膨大，有 30 条明显细脉，先端 5 齿裂；花瓣 5，粉红色，三角倒卵形，长于萼，喉部有 2 鳞片；雄蕊 10；子房上位，花柱 3，细长。蒴果卵形，3—6 齿裂或瓣裂，包围于长锥形宿萼中。种子肾形，有成行的瘤状突起，以种脐为圆心，整齐排列成数层半环状。花期 4—5 月，果期 5—6 月。

【分布与生境】秦岭南北坡普遍分布；生于低山或平原的麦田中或荒草地上。

【食用部位与营养成分】叶片及幼茎可作蔬菜食用。富含维生素、氨基酸和人体所需的多种矿物质元素。

【采收与加工】麦瓶草植株长有 12—16 片叶时即可分期分批采收。清明前后播种，35 天左右即可采收。

【资源开发与保护】麦瓶草全草药用，具有养阴、清热、止血、调经之功效。常用于吐血，衄血，虚痨咳嗽，咯血，尿血，月经不调。

野菜植物
长蕊石头花

Gypsophila oldhamiana Miq.
霞草、长蕊丝石竹
石竹科 Caryophyllaceae 石头花属植物

【形态特征】多年生草本，高 30—80cm。根粗壮。茎单生，稀数个丛生，直立，多分枝。叶片披针形或线状披针形，顶端渐尖，中脉明显。圆锥状聚伞花序多分枝，疏散，花小而多；花梗纤细，苞片三角形，急尖；花萼宽钟形，具紫色宽脉，萼齿卵形，圆钝，边缘白色，膜质；花瓣白色或淡红色，匙形，顶端平截或圆钝；花丝扁线形，与花瓣近等长，花药圆形；子房卵球形，花柱细长。蒴果球形，稍长于宿存萼，4 瓣裂；种子小，圆形，红褐色，具整齐的钝疣状凸起。花期 6—8 月，果期 8—9 月。

【分布与生境】秦岭南北坡均有分布；生于海拔 600—2000m 石山坡干燥处或河滩乱石间。

【食用部位与营养成分】嫩茎叶或幼苗可作蔬菜食用。含有丰富的碳水化合物、蛋白质、脂肪、粗纤维和总黄酮；且 Ca、Mg、Fe、Cu、Zn 等矿物质元素的含量均高于普通栽培蔬菜。

【采收与加工】春夏时节，当霞草嫩芽长 3—4 个叶片时，将其嫩芽的嫩茎和 3—4 个叶片一起采摘。每年可采摘 7—10 次，头茬产量高、品质最佳。采摘的嫩芽经去杂、清洗、晾干备用，可直接食用，也可凉拌或作为肉类配菜，还可用于水饺、包子制馅配菜。

【资源开发与保护】根供药用，有清热凉血、消肿止痛、化腐生肌长骨功效。根的水浸剂可防治蚜虫、红蜘蛛、地老虎等，还可洗涤毛、丝织品。全草可作猪饲料；也可栽培供观赏。

Arenaria serpyllifolia L.
蚤缀、鹅不食草、小无心菜、卵叶蚤缀
石竹科 Caryophyllaceae 无心菜属植物

无心菜

【形态特征】一年生或二年生草本，高 10—30cm。主根细长，支根较多而纤细。茎丛生，直立或铺散，密生白色短柔毛。叶片卵形，基部狭，无柄，边缘具缘毛，顶端急尖，下面具 3 脉，茎下部的叶较大，茎上部的叶较小。聚伞花序，具多花；苞片草质，卵形；花梗纤细，密生柔毛或腺毛；萼片 5，披针形，长 3—4mm，边缘膜质，顶端尖，具显著的 3 脉；花瓣 5，白色，倒卵形，长为萼片的 1/3—1/2，顶端钝圆；雄蕊 10，短于萼片；子房卵圆形花柱 3。蒴果卵圆形，与宿存萼等长，顶端 6 裂；种子小，肾形。花期 4—5 月，果期 6—7 月。

【分布与生境】秦岭南北坡均有分布；生于海拔 300—1600m 沙质或石质荒地、田野、园圃、山坡等处。

【食用部位与营养成分】幼苗可食用。含有氨基酸、糖类、生物碱、黄酮苷、皂苷及香豆素等成分。

【采收与加工】春夏季采集幼苗，可凉拌或作配菜。

【资源开发与保护】无心菜为夏熟作物田间杂草。全草入药，能清热、解毒、明目，治急性结膜炎、睑腺炎、咽喉痛。

石竹

【形态特征】多年生草本，高30—50cm，全体带粉绿色。茎簇生，直立，上部分枝。叶片线状披针形，顶端渐尖，基部稍狭，全缘或有细小齿，中脉较显。花单生枝端或数花集成聚伞花序；花萼圆筒形，有纵条纹，萼齿披针形，直伸，顶端尖，有缘毛；花瓣长 15—18mm，瓣片倒卵状三角形，紫红色、粉红色、鲜红色或白色；顶缘不整齐齿裂，喉部有斑纹，疏生髯毛；雄蕊露出喉部外，花药蓝色；子房长圆形，花柱线形。蒴果圆筒形，包于宿存萼内，顶端 4 裂；种子黑色，扁圆形。花期 6—7 月，果期 8—9 月。

【分布与生境】秦岭南北坡均有分布；生于海拔 1300—1600m 向阳山坡草地或岩石裂隙间。其性耐寒、耐干旱，不耐酷暑，夏季多生长不良或枯萎，栽培时应注意遮阴降温。

【食用部位与营养成分】嫩茎叶可作蔬菜食用。全草含皂苷、挥发油，油中主要为丁香酚、苯乙醇、苯甲酸苄酯、水杨酸苄酯、水杨酸甲酯。

【采收与加工】春夏季采集幼嫩茎叶，用开水炸后炒食或凉拌均可。

【资源开发与保护】根和全草入药，清热利尿，破血通经，散瘀消肿。石竹已广泛栽培，育出许多品种，是很好的观赏花卉。

【形态特征】一年生或二年生草本，高 10—30cm。茎俯仰或上升，基部多少分枝，常带淡紫红色。叶片宽卵形或卵形，顶端渐尖或急尖，基部渐狭或近心形，全缘；基生叶具长柄，上部叶常无柄或具短柄。疏聚伞花序顶生；花梗细弱，花后伸长，下垂；萼片 5，卵状披针形，顶端稍钝或近圆形；花瓣白色，长椭圆形，比萼片短，深 2 裂达基部，裂片近线形；雄蕊 3—5，短于花瓣；花柱 3，线形。蒴果卵形，稍长于宿存萼，顶端 6 裂，具多数种子；种子卵圆形至近圆形，稍扁，红褐色，表面具半球形瘤状凸起，脊较显著。花期 6—7 月，果期 7—8 月。

【分布与生境】秦岭南北坡广泛分布；由平原至山地沟边湿地，颇为普遍，为常见田间杂草。繁缕喜温和湿润的环境，以山坡、林下、田边、路旁为多。

【食用部位与营养成分】嫩苗可食。其味似豌豆尖，但比豌豆尖更柔嫩鲜美。全草含皂苷、黄酮类成分、异牡荆素、木樨草素、芹菜素、染料木素等。

【采收与加工】春夏季采集嫩苗，可炒食、凉拌、煮汤。

【资源开发与保护】繁缕雨季生长旺盛，野生资源丰富。茎、叶及种子供药用，清热解毒，化瘀止痛，催乳。用于肠炎、痢疾、肝炎、阑尾炎、产后瘀血腹痛、子宫收缩痛、牙痛、头发早白、乳汁不下、乳腺炎、跌打损伤、疮疡肿毒。

野菜植物
鹅肠菜

Myosoton aquaticum (L.) Moench
牛繁缕、石灰菜、大鹅儿肠、鹅儿肠
石竹科 Caryophyllaceae 鹅肠菜属植物

【形态特征】二年生或多年生草本，具须根。茎上升，多分枝，长50—80cm。叶片卵形或宽卵形，顶端急尖，基部稍心形，有时边缘具毛。顶生二歧聚伞花序；苞片叶状，边缘具腺毛；花梗细，花后伸长并向下弯，密被腺毛；萼片卵状披针形或长卵形，长4—5mm，果期长达7mm，顶端较钝，边缘狭膜质，外面被腺柔毛，脉纹不明显；花瓣白色，2深裂至基部，裂片线形或披针状线形；雄蕊10，稍短于花瓣；子房长圆形，花柱5，线形。蒴果卵圆形，稍长于宿存萼；种子近肾形，稍扁，褐色，具小疣。花期6—7月，果期7—8月。

【分布与生境】秦岭南北坡均有分布；生于海拔350—2700m荒地、路旁及较阴湿的草地。

【食用部位与营养成分】嫩梢供蔬食，含有蛋白质、脂肪、膳食纤维、胡萝卜素、维生素及多种矿物质元素等。

【采收与加工】春夏季采摘鹅肠菜时，最好在开花前摘其嫩芽。纤维强韧，不易摘下，可用剪刀剪取。用沸水焯后可拌、炒或做汤等。冬、春季采收，晒干入药。

【资源开发与保护】全草供药用，具有清热祛痰、软坚散结的功效。用于淋巴结肿、干咳型肺结核等。

Salsola collina Pall.
刺蓬、猪毛缨
苋科 Amaranthaceae 猪毛菜属植物

【形态特征】一年生草本，高20—100cm；茎自基部分枝，枝互生，伸展，茎、枝绿色，有白色或紫红色条纹。叶片丝状圆柱形，伸展或微弯曲，长2—5cm，宽0.5—1.5mm，生短硬毛，顶端有刺状尖，基部边缘膜质，稍扩展而下延。花序穗状，生枝条上部；苞片卵形，顶部延伸，有刺状尖，边缘膜质，背部有白色隆脊；小苞片狭披针形，顶端有刺状尖，苞片及小苞片与花序轴紧贴；花被片卵状披针形，膜质，顶端尖，果时变硬，自背面中上部生鸡冠状突起；花被片在突起以上部分，近革质，顶端为膜质，向中央折曲成平面，紧贴果实，有时在中央聚集成小圆锥体；柱头丝状，长为花柱的1.5—2倍。种子横生或斜生。花期6—8月，果期8—10月。

【分布与生境】秦岭北坡沿渭河两岸分布；生于路边、宅旁及荒芜场所。

【食用部位与营养成分】嫩茎叶可作野菜食用，富含蛋白质、维生素、胡萝卜素和多种矿物质元素等。全草含有黄酮、甾醇、生物碱、糖类等多种成分。

【采收与加工】春夏季采集幼苗和嫩茎叶，开水焯后可拌凉菜或炒食。

【资源开发与保护】全草入药，具有平肝潜阳、润肠通便之功效。用于高血压、头痛、眩晕、肠燥便秘等。也可作饲料。

【形态特征】一年生草本，高 20—50cm。茎直立，具条棱及绿色色条。叶片卵状矩圆形，长 2.5—5cm，宽 1—3.5cm，通常三浅裂；中裂片两边近平行，先端钝或急尖并具短尖头，边缘具深波状锯齿；侧裂片位于中部以下，通常各具 2 浅裂齿。花两性，数个团集，排列于上部的枝上形成较开展的顶生圆锥状花序；花被近球形，5 深裂，裂片宽卵形，不开展，背面具微纵隆脊并有密粉；雄蕊 5，开花时外伸；柱头 2，丝形。胞果包在花被内，果皮与种子贴生。种子双凸镜状，黑色，有光泽，直径约 1mm，边缘微钝，表面具六角形细洼；胚环形。花期 5—6 月，果期 7—8 月。

【分布与生境】秦岭南北坡普遍分布；生于山坡路旁，有时也生于荒地、道旁、垃圾堆等处。

【食用部位与营养成分】嫩茎叶可作野菜食用，富含蛋白质、维生素、多种矿物质元素等。

【采收与加工】春夏季采集幼苗和嫩茎叶，开水焯后可拌凉菜或炒食。

【资源开发与保护】小藜全草入药，功能去湿，解毒。也可作饲料。

Amaranthus tricolor L.
雁来红、老少年、老来少、三色苋
苋科 Amaranthaceae 苋属植物

苋

【形态特征】一年生草本，高 80—150cm；茎粗壮，绿色或红色，常分枝。叶片卵形、菱状卵形或披针形，绿色或常成红色，紫色或黄色，或部分绿色加杂其他颜色，顶端圆钝或尖凹，具凸尖，基部楔形，全缘或波状缘。花簇腋生，直到下部叶，或同时具顶生花簇，成下垂的穗状花序；花簇球形雄花和雌花混生；苞片及小苞片卵状披针形，透明，顶端有 1 长芒尖，背面具 1 绿色或红色隆起中脉；花被片矩圆形，绿色或黄绿色，顶端有 1 长芒尖，背面具 1 绿色或紫色隆起中脉；雄蕊比花被片长或短。胞果卵状矩圆形，环状横裂，包裹在宿存花被片内。种子近圆形或倒卵形。花期 6—7 月，果期 8—9 月。

【分布与生境】秦岭南北坡普遍栽培或野生，有红叶和绿叶两个类型。喜温暖气候，耐热力强，不耐寒冷。

【食用部位与营养成分】茎叶作蔬菜食用。苋富含蛋白质、脂肪、碳水化合物、粗纤维、胡萝卜素和多种维生素，以及易被人体吸收的钙和高浓度的赖氨酸。

【采收与加工】苋植株高 15cm 左右时采收。播种后视天气和土壤进行浇水追肥，10 天左右出苗。春季气温低，水分多，一般应控制浇水，只有在高温或干旱时才经常浇水。

【资源开发与保护】根、果实及全草入药，有明目、利大小便、去寒热的功效。叶杂有各种颜色者供观赏。

野菜植物
皱果苋
Amaranthus viridis Linn.
绿苋、野苋
苋科 Amaranthaceae 苋属植物

【形态特征】一年生草本，高40—80cm；茎直立，有不显明棱角，稍有分枝，绿色或带紫色。叶片卵形、卵状矩圆形或卵状椭圆形，顶端尖凹或凹缺，少数圆钝，有1芒尖，基部宽楔形或近截形，全缘或微呈波状缘。圆锥花序顶生，由穗状花序形成，圆柱形，细长，直立，顶生花穗比侧生者长；花被片矩圆形或宽倒披针形，内曲，顶端急尖，背部有1绿色隆起中脉；雄蕊比花被片短；柱头3或2。胞果扁球形，直径约2mm，绿色，不裂，极皱缩，超出花被片。种子近球形，黑色或黑褐色，具薄且锐的环状边缘。花期6—8月，果期8—10月。

【分布与生境】秦岭南北坡均产；生于海拔300—1600m荒废场所及菜园或农田边。

【食用部位与营养成分】嫩茎叶可作野菜食用，富含蛋白质、维生素、核黄素和多种矿物质元素等。

【采收与加工】春夏季采集幼苗和嫩茎叶，开水焯后可拌凉菜或炒食。

【资源开发与保护】皱果苋全草入药，有清热解毒、利尿止痛的功效。也可作饲料。

反枝苋

Amaranthus retroflexus L.
野苋菜、苋菜、西风谷
苋科 Amaranthaceae 苋属植物

【形态特征】一年生草本，高 20—80cm；茎直立，粗壮，单一或分枝，淡绿色，有时具带紫色条纹，稍具钝棱，密生短柔毛。叶片菱状卵形或椭圆状卵形，顶端锐尖或尖凹，有小凸尖，基部楔形，全缘或波状缘，两面及边缘有柔毛，下面毛较密。圆锥花序顶生及腋生，直立，由多数穗状花序形成，顶生花穗较侧生者长；苞片及小苞片钻形，白色，背面有 1 龙骨状突起，伸出顶端成白色尖芒；花被片矩圆形或矩圆状倒卵形，薄膜质，白色，有 1 淡绿色细中脉，顶端急尖或尖凹，具凸尖；雄蕊比花被片稍长；柱头 3，有时 2。胞果扁卵形，环状横裂，薄膜质，淡绿色，包裹在宿存花被片内。种子近球形。花期 6—8 月，果期 9—10 月。

【分布与生境】秦岭南北坡均有分布，生于海拔 300—1200m 的田园内、地旁、草地上，有时生在瓦房上。

【食用部位与营养成分】嫩茎叶为野菜，含有丰富的铁、钙、胡萝卜素和维生素 C。

【采收与加工】春夏季采收嫩茎叶。

【资源开发与保护】反枝苋可作家畜饲料；种子作青葙子入药；全草药用，治腹泻、痢疾、痔疮等症。

野菜植物
凹头苋

Amaranthus lividus L.
野苋
苋科 Amaranthaceae 苋属植物

【形态特征】一年生草本，高 10—30cm；茎伏卧而上升，从基部分枝，淡绿色或紫红色。叶片卵形或菱状卵形，有 1 芒尖，或微小不显，基部宽楔形，全缘或稍呈波状。花成腋生花簇，直至下部叶的腋部，生在茎端和枝端者成直立穗状花序或圆锥花序；苞片及小苞片矩圆形；花被片矩圆形或披针形，淡绿色，顶端急尖，边缘内曲，背部有 1 隆起中脉；雄蕊比花被片稍短；柱头 3 或 2，果熟时脱落。胞果扁卵形，长 3mm，不裂，微皱缩而近平滑，超出宿存花被片。种子环形，直径约12mm，黑色至黑褐色，边缘具环状边。花期 7—8 月，果期 8—9 月。

【分布与生境】秦岭南北坡均产；生于海拔 300—1600m 荒废场所及菜园或农田边。

【食用部位与营养成分】嫩茎叶可作蔬菜食用。鲜茎叶含粗蛋白质 5.5%，还含有胡萝卜素、核黄素、维生素 C 等。

【采收与加工】夏、秋采收全草和根，鲜用或晒干。鲜茎叶采摘后，用清水洗干净，然后放入开水中略微焯一下，捞出后可凉拌、炒菜。

【资源开发与保护】茎叶可作猪饲料。野苋鲜嫩多汁，适口性好，营养价值较高。全草入药，用作止痛、收敛、利尿、解热剂；种子有明目、利大小便、去寒热的功效；鲜根有清热解毒作用。

野菜植物

Amaranthus paniculatus L.
银苋菜、天雪米、鸦谷、田苋菜
苋科 Amaranthaceae 苋属植物

繁穗苋

139

【形态特征】一年生草本，高 1—2m，茎直立，粗壮，淡绿色，有时具带紫色条纹。叶片菱状卵形或椭圆状卵形，先端锐尖或尖凹，有小凸尖，基部楔形，有柔毛。圆锥花序顶生及腋生，直立，或以后下垂，由多数穗状花序形成，顶生花穗较侧生者长；苞片及小苞片钻形，白色；花被片白色。胞果扁卵形，环状横裂，包裹在宿存花被片内。种子近球形，棕色或黑色。花期 6—7 月，果期 9 月。

【分布与生境】秦岭南北坡普遍分布；多栽培或半野生于农田内和路边荒废场所。

【食用部位与营养成分】嫩茎叶浸去苦味后，可作野菜食用，含脂肪油和丰富的硝酸钾，还含有烟酸。种子含脂肪油、淀粉、烟酸及丰富的硝酸钾。

【采收与加工】采收在株高 25cm 左右，在基部留 10cm 左右，采摘上部嫩梢，采摘后仍能抽生侧枝再采收，直至开花为止；其他月份播种的主要以采收大苗为主，采收标准是具 4—6 片叶、长10—15cm 的嫩茎。原则上当采即采，防止抽薹开花，导致茎叶纤维化。

【资源开发与保护】种子供药用，有清热明目作用；花序宿存经久不凋，可供观赏；种子为粮食作物，食用或酿酒；全株植物可作饲料。

野菜植物

喜旱莲子草

Alternanthera philoxeroides (Mart.) Griseb.
空心苋、空心莲子草、水蕹菜、革命草、水花生
苋科 Amaranthaceae 莲子草属植物

【形态特征】多年生草本；茎基部匍匐，上部上升，管状，不明显 4 棱，具分枝，幼茎及叶腋有白色或锈色柔毛，茎老时无毛。叶片矩圆形、矩圆状倒卵形或倒卵状披针形，顶端急尖或圆钝，具短尖，基部渐狭，全缘。花密生，成具总花梗的头状花序，单生在叶腋，球形，直径 8—15mm；苞片及小苞片白色，顶端渐尖；苞片卵形；花被片矩圆形，长 5—6mm，白色，光亮，顶端急尖，背部侧扁；雄蕊花丝基部连合成杯状；退化雄蕊矩圆状条形，和雄蕊约等长，顶端裂成窄条；子房倒卵形，具短柄，背面侧扁，顶端圆形。花期 5—7 月，果期 8—10 月。

【分布与生境】秦岭南北坡普遍分布；多生于池沼、水沟内，适应能力极强。

【食用部位与营养成分】嫩茎叶可作蔬菜食用。全株含糖类、脂肪、蛋白质、黄酮苷、三萜皂苷、有机酸、酚性成分、香豆素等。

【采收与加工】春夏采其嫩茎叶，洗净，沸水烫，清水漂洗后切断，可凉拌、炒食，清脆可口。

【资源开发与保护】喜旱莲子草原产巴西，引种我国后，逸为野生，现已成为危害较大的入侵植物。全草入药，有清热利水、凉血解毒作用。

野菜植物

土人参

141

Talinum paniculatum (Jacq.) Gaertn.

栌兰、土洋参、福参、假人参、参草、煮饭花

土人参科 Talinaceae 土人参属植物

【形态特征】一年生或多年生草本，高 30—100cm。主根粗壮，圆锥形，有少数分枝，皮黑褐色，断面乳白色。茎直立，肉质，基部近木质，多少分枝，圆柱形，有时具槽。叶互生或近对生，具短柄或近无柄，叶片稍肉质，倒卵形或倒卵状长椭圆形。圆锥花序顶生或腋生，较大，常二叉状分枝，具长花序梗；花小；总苞片绿色或近红色，圆形，顶端圆钝，长 3—4mm；萼片卵形，紫红色，早落；花瓣粉红色或淡紫红色，长椭圆形、倒卵形或椭圆形，顶端圆钝，稀微凹；雄蕊 15—20，比花瓣短；花柱线形，基部具关节；柱头 3 裂；子房卵球形。蒴果近球形，直径约 4mm，3 瓣裂，坚纸质；种子多数，扁圆形，黑褐色或黑色，有光泽。花期 7—8 月，果期 9—10 月。

【分布与生境】秦岭南北坡均有野生或栽培。

【食用部位与营养成分】根、叶均可食用；含有丰富的蛋白质、脂肪、钙、维生素等。

【采收与加工】土人参以采收嫩茎叶为主，一般直播苗 45 天左右可采收，移植苗在 22 天后可陆续采收，以后每隔 15—20 天可采收一次。可炒、做汤、涮、炖，药蔬兼用。

【资源开发与保护】土人参原产热带，我国栽培后，现多逸为野生。根为滋补强壮药，补中益气，润肺生津。叶消肿解毒，治疗疮疖肿。

野菜植物
马齿苋

Portulaca oleracea L.
五行草、长命菜、五方草、瓜子菜、麻绳菜、蚂蚱菜
马齿苋科 Portulacaceae 马齿苋属植物

【形态特征】一年生草本。茎平卧或斜倚，伏地铺散，多分枝，圆柱形，淡绿色或带暗红色。叶互生，有时近对生，叶片扁平，肥厚，倒卵形，似马齿状，顶端圆钝或平截，有时微凹，基部楔形，全缘，中脉微隆起；叶柄粗短。花无梗，常 3—5 朵簇生枝端，午时盛开；苞片 2—6，叶状，膜质，近轮生；萼片 2，对生，绿色，盔形，左右压扁，长约 4mm，顶端急尖，背部具龙骨状凸起，基部合生；花瓣 5，黄色，倒卵形，顶端微凹，基部合生；雄蕊通常 8，花药黄色；子房无毛，花柱比雄蕊稍长，柱头 4—6 裂，线形。蒴果卵球形，盖裂；种子细小，多数偏斜球形，黑褐色，有光泽。花期 5—8 月，果期 6—9 月。

【分布与生境】秦岭南北坡广布；生于菜园、农地、路旁；性喜肥沃土壤，耐旱亦耐涝，生命力强。

【食用部位与营养成分】嫩茎叶可作蔬菜，味酸。马齿苋含有丰富的二羟乙胺、苹果酸、葡萄糖、钙、磷、铁以及维生素 E、胡萝卜素、维生素 B、维生素 C 等营养物质。

【采收与加工】马齿苋要开花前 10—15cm 长时采收嫩枝。如采收过迟，不仅嫩枝变老、食用价值差，而且影响下一次分枝的抽生和全年产量。采收一次后隔 15—20 天又可采收。如此，可一直延伸到 10 月中下旬。生产上一般采用分期分批轮流采收。马齿苋生食、烹食均可，柔软的茎可像菠菜一样烹制。

【资源开发与保护】全草入药，有清热利湿、解毒消肿、消炎、止渴、利尿作用；种子明目；还可作兽药和农药；也是很好的饲料。

Helwingia japonica (Thunb.) Dietr.
大叶通草、叶上珠
山茱萸科 Cornaceae 青荚叶属植物

青荚叶

【形态特征】落叶灌木，高 1—2m；幼枝绿色，叶痕显著。叶纸质，卵形、卵圆形，稀椭圆形，先端渐尖，基部阔楔形或近于圆形，边缘具刺状细锯齿。雌雄异株，花淡绿色，3—5 数，花萼小，花瓣镊合状排列；雄花 4—12，呈伞形或密伞花序，常着生于叶上面中脉的 1/2—1/3 处；花梗长 1—2.5mm；雄蕊 3—5，生于花盘内侧；雌花 1—3 枚，着生于叶上面中脉的 1/2—1/3 处；花梗长 1—5mm；子房卵圆形或球形，柱头 3—5 裂。浆果幼时绿色，成熟后黑色，分核 3—5 枚。花期 4—5 月，果期 8—9 月。

【分布与生境】常生于海拔 3300m 以下的林中，喜阴湿及肥沃的土壤。

【食用部位与营养成分】青荚叶嫩茎和叶可作蔬菜食用。青荚叶中富含植物多糖、多酚、表儿茶素、胡萝卜素和维生素 B_2 等生物活性成分，以及钾、钙、镁、铁等人体必需的矿物质元素，含有较多人体必需的氨基酸、药效氨基酸和不饱和脂肪酸。

【采收与加工】春季采摘嫩茎叶，作为蔬菜食用。当秋季种子成熟后，将采集的果实捣烂果肉，用清水反复冲洗，取出种子。

【资源开发与保护】秋季果实成熟时，将转变成黑色，宛如一颗颗亮黑色的宝石，镶嵌在翠绿色的页面上。全株药用，有清热、解毒、活血、消肿的疗效；我国民间或用作阴证药。叶清热除湿，用于便血。果实用于胃痛。

野菜植物
毛梾

Swida walteri (Wanger.) Sojak
小六谷、车梁木
山茱萸科 ornaceae 梾木属植物

【形态特征】落叶乔木，高 6—15m；树皮厚，黑褐色，纵裂而又横裂成块状；幼枝对生，绿色。叶对生，纸质，椭圆形、长圆椭圆形或阔卵形。伞房状聚伞花序顶生，花密，宽 7—9cm，被灰白色短柔毛；总花梗长 1.2—2cm；花白色，有香味，花萼裂片 4，绿色，齿状三角形；花瓣 4，长圆披针形；雄蕊 4，花丝线形，微扁，长 4mm，花药淡黄色，长圆卵形，丁字形着生；花盘明显，垫状或腺体状；花柱棍棒形，柱头小，头状，子房下位，花托倒卵形；花梗细圆柱形。核果球形，成熟时黑色。花期 5 月；果期 9 月。

【分布与生境】秦岭南北坡均产，生长在海拔 300—1800m 峡谷和荫蔽密林中；较喜光树种，喜生于半阳坡、半阴坡。

【食用部位与营养成分】嫩叶可作蔬菜食用，叶中含粗蛋白质、粗脂肪、无氮浸出物，钙和磷的含量均较高。

【采收与加工】春季采摘嫩叶，开水焯后，可凉拌或炒食。秋季采收果实。

【资源开发与保护】本种是木本油料植物，果实含油可达 27%—38%，供食用或作高级润滑油，油渣可作饲料和肥料；木材坚硬，纹理细密、美观，可做家具、车辆、农具等；叶和树皮可提制拷胶，又可作为"四旁"绿化和水土保持树种。

Lysimachia christinae Hance
金钱草、真金草、走游草、铺地莲
报春花科 Primulaceae 珍珠菜属植物

野菜植物
过路黄

145

【形态特征】一年生草本，茎柔弱，平卧延伸，长 20—60cm。叶对生，卵圆形、近圆形以至肾圆形，长 2—6cm，宽 1—4cm，先端锐尖或圆钝以至圆形，基部截形至浅心形，透光可见密布的透明腺条，干时腺条变黑色，两面无毛或密被糙伏毛。花单生叶腋；花萼长 5—7mm，分裂近达基部，裂片披针形、椭圆状披针形以至线形或上部稍扩大而近匙形，先端锐尖或稍钝；花冠黄色，基部合生部分长 2—4mm，裂片狭卵形以至近披针形，先端锐尖或钝，质地稍厚，具黑色长腺条；花丝长 6—8mm，下半部合生成筒；花药卵圆形，花粉粒具 3 孔沟，近球形，表面具网状纹饰；子房卵珠形，花柱长 6—8mm。蒴果球形，有稀疏黑色腺条。花期 5—7 月，果期 7—10 月。

【分布与生境】秦岭南北坡均产；生长海拔 600—2300m 荒山草地或路旁。

【食用部位与营养成分】嫩叶作蔬食，含有多糖和钙、镁、铁、锌、铜、锰、镉、镍、钴等 9 种元素。

【采收与加工】春、夏、秋季节均可采收。

【资源开发与保护】本种为民间常用草药。全草入药，清热解毒，利尿排石。治胆囊炎、黄疸性肝炎、泌尿系统结石、肝结石、胆结石、跌打损伤、毒蛇咬伤、毒蕈及药物中毒；外用治化脓性炎症、烧烫伤。

矮桃

Lysimachia clethroides Duby
珍珠菜、红丝毛、酸罐罐、狼尾巴花、珍珠草
报春花科 Primulaceae 珍珠菜属植物

【形态特征】多年生草本，全株多少被黄褐色卷曲柔毛。根茎横走，淡红色。茎直立，高 40—100cm，圆柱形，基部带红色，不分枝。叶互生，长椭圆形或阔披针形，先端渐尖，基部渐狭，两面散生黑色粒状腺点。总状花序顶生，盛花期长约 6cm，花密集，常转向一侧，后渐伸长，果时长 20—40cm；花萼长 2.5—3mm，分裂近达基部，裂片卵状椭圆形，先端圆钝，周边膜质，有腺状缘毛；花冠白色，长 5—6mm，基部合生，裂片狭长圆形，先端圆钝；雄蕊内藏，花丝基部连合并贴生于花冠基部，被腺毛；花药长圆形。花期 5—7 月；果期 7—10 月。

【分布与生境】秦岭南北坡均产；生长海拔 800—2100m 荒山草地或路旁。

【食用部位与营养成分】嫩茎叶可作蔬菜食用，含丰富的矿物质元素，尤以钾的含量最高，并含有类黄酮化合物等。

【采收与加工】春夏季摘取具 5—6 片嫩叶的嫩梢供食，第 1 次采收后由叶腋长出的新梢 15—20 天又可供采收。嫩茎叶可素炒 (或炒蛋) 或做汤。

【资源开发与保护】全草入药，活血调经，解毒消肿。嫩叶也可作猪饲料。种子油可制皂。

Lysimachia barystachys Bunge
狼尾巴花、野鸡脸、珍珠菜、酸草根
报春花科 Primulaceae 珍珠菜属植物

虎尾草

【形态特征】多年生草本，具横走的根茎，全株密被卷曲柔毛。茎直立，高 30—100cm。叶互生或近对生，长圆状披针形、倒披针形以至线形，先端钝或锐尖，基部楔形，近于无柄。总状花序顶生，花密集，常转向一侧；花序轴长 4—6cm，后渐伸长，果时长可达 30cm；花萼长 3—4mm，分裂近达基部，裂片长圆形，周边膜质，顶端圆形，略呈啮蚀状；花冠白色，基部合生部分长约 2mm，裂片舌状狭长圆形，先端钝或微凹，常有暗紫色短腺条；雄蕊内藏，花丝基部约 1.5mm 连合并贴生于花冠基部，具腺毛；花药椭圆形；花粉粒具 3 孔沟，长球形，表面近于平滑；子房无毛，花柱短。蒴果球形。花期 5—7 月；果期 8—10 月。

【分布与生境】秦岭南北坡均产；生长在海拔 600—2100m 的山坡草地或路旁潮湿处。

【食用部位与营养成分】嫩叶和茎供蔬食。含黄酮和鞣质。

【采收与加工】春夏季采摘嫩茎叶作蔬菜用。花期采集带花植株晒干入药。

【资源开发与保护】全草入药，活血调经，散瘀消肿，解毒生肌，利水，降压。根茎含有 3.63% 的鞣质，可提制栲胶。花艳丽，可栽培供观赏。

野菜植物
獐牙菜

Swertia bimaculata (Sieb. et Zucc.) Hook. f. et Thoms. ex C. B.
方茎牙痛草、双斑獐牙菜、翳子草、黑药黄、走胆草
龙胆科 Gentianaceae 獐牙菜属植物

【形态特征】一年生草本，高 0.3—1.4m。根细，棕黄色。茎直立，圆形，中空，中部以上分枝。基生叶在花期枯萎；茎生叶无柄或具短柄，叶片椭圆形至卵状披针形，先端长渐尖，基部钝，叶脉 3—5 条，弧形，在背面明显突起，最上部叶苞叶状。大型圆锥状复聚伞花序疏松，多花；花 5 数，花萼绿色，长为花冠的 1/4—1/2，裂片狭倒披针形或狭椭圆形，先端渐尖或急尖，基部狭缩，边缘具窄的白色膜质，常外卷，背面有细的、不明显的 3—5 脉；花冠黄色，上部具多数紫色小斑点，裂片椭圆形或长圆形，先端渐尖或急尖，基部狭缩，中部具 2 个黄绿色、半圆形的大腺斑；花丝线形，花药长圆形；子房无柄，披针形，花柱短，柱头小，头状，2 裂。蒴果无柄，狭卵形。花期 7—8 月，果期 9—10 月。

【分布与生境】秦岭南北坡均有分布；生长在海拔 1300—2000m 的山坡草地或林下。

【食用部位与营养成分】茎叶可作蔬菜食用。含当药苦苷 2%—4%，还含当药素、黄色龙胆根素、黄色龙胆根素葡萄糖苷等。

【采收与加工】春夏季摘取嫩茎叶。

【资源开发与保护】獐牙菜全草药用，具有清热、健胃、利湿的功效，治消化不良、胃炎、黄疸、火眼、牙痛、口疮。

Nymphoides peltatum (Gmel.) O. Kuntze
荇菜、驴蹄菜、水荷叶
龙胆科 Gentianaceae 荇菜属

荇菜

【形态特征】多年生水生草本。茎圆柱形，多分枝，密生褐色斑点，节下生根。上部叶对生，下部叶互生，叶片飘浮，近革质，圆形或卵圆形，基部心形，全缘，有不明显的掌状叶脉，下面紫褐色，密生腺体，粗糙，上面光滑，叶柄圆柱形，基部变宽，呈鞘状，半抱茎。花常多数，簇生节上，5 数；花萼长 9—11mm，分裂近基部，裂片椭圆形或椭圆状披针形，先端钝，全缘；花冠金黄色，分裂至近基部，冠筒短，喉部具 5 束长柔毛，裂片宽倒卵形，先端圆形或凹陷，雄蕊着生于冠筒上，整齐，花丝基部疏被长毛；在短花柱的花中，雌蕊较短，柱头小，花丝较长；在长花柱的花中，雌蕊较长，柱头大，2 裂，花丝较短；腺体 5 个，黄色，环绕子房基部。蒴果无柄，椭圆形，成熟时不开裂；种子大，褐色，椭圆形。花期 7—9 月，果期 10 月。

【分布与生境】秦岭南北坡均产；生长在池塘或者不流动的河溪中。

【食用部位与营养成分】嫩茎叶、根茎可作蔬菜。

【采收与加工】春夏两季采摘嫩茎叶，去杂洗净，用沸水浸烫一下，再放冷水中浸泡，捞出控干水分，可凉拌、炒食、做汤、煮粥、晒干菜和面蒸食。

【资源开发与保护】荇菜属浅水性植物。鲜黄色花朵挺出水面，花多且花期长，可作为水生观赏植物。全草入药，清热解毒，解暑止渴，用于消肿降脂、热毒等症。

野菜植物
附地菜

Trigonotis peduncularis (Trev.) Benth. ex Baker et Moore
鸡肠、鸡肠草、地胡椒、雀扑拉
紫草科 Boraginaceae 附地菜属植物

【形态特征】一年生或二年生草本。茎通常多条丛生，密集，铺散，高 5—30cm，基部多分枝，被短糙伏毛。基生叶呈莲座状，有叶柄，叶片匙形，长 2—5cm，先端圆钝，基部楔形或渐狭，两面被糙伏毛，茎上部叶长圆形或椭圆形，无叶柄或具短柄。花序生茎顶，幼时卷曲，后渐次伸长；花萼裂片卵形，先端急尖；花冠淡蓝色或粉色，筒部甚短，裂片平展，倒卵形，先端圆钝，喉部附属 5，白色或带黄色。小坚果 4，斜三棱锥状四面体形，背面三角状卵形，具 3 锐棱，腹面的 2 个侧面近等大而基底面略小，凸起，具短柄。花期 4—5 月，果期 6—7 月。

【分布与生境】秦岭南北坡普遍分布；生长在海拔 460—1700m 的荒地、山坡草地、林缘和田间。

【食用部位与营养成分】幼苗是可食用，含有丰富的蛋白质、碳水化合物、硒、钙等营养成分和微量元素。花含有飞燕草素 -3,5- 二葡萄糖苷。地上部分含有挥发油、脂肪酸、碳氢化合物等。

【采收与加工】夏秋采集，拔取全株，除去杂质，晒干备用。在春季采摘嫩苗嫩叶，洗净后入沸水焯烫，然后凉拌或者炒食，也可蒸着吃，与杂粮面拌在一起。

【资源开发与保护】全草入药，温中健胃、消肿止痛、止血，用于胃痛、吐酸、吐血；外用治跌打损伤、骨折。花美观，可用以点缀花园。

龙葵

Solanum nigrum L.

天茄菜、飞天龙、野茄秧、山辣椒、野伞子、小苦菜
龙胆科 Gentianaceae 莕菜属

【形态特征】一年生直立草本，绿色或紫色。叶卵形，先端短尖，基部楔形至阔楔形而下延至叶柄，全缘或每边具不规则的波状粗齿，叶脉每边5—6条。蝎尾状花序腋外生，由3—6花组成；花萼小，浅杯状，齿卵圆形，先端圆，基部两齿间连接处成角度；花冠白色，筒部隐于萼内，5深裂，裂片卵圆形；花丝短，花药黄色，约为花丝长度的4倍，顶孔向内；子房卵形，柱头小，头状。浆果球形，熟时黑色。花期6—9月，果期8—10月。

【分布与生境】秦岭南北坡普遍分布；生长在海拔500—1500m的田边、路旁、草地、荒地及村庄附近。

【食用部位与营养成分】浆果和叶子均可食用，但叶子含有大量生物碱，须经煮熟后方可解毒。

【采收与加工】春、夏、秋季均可采摘幼嫩茎叶，每次采收嫩梢后，留下嫩梢最下部5cm的节间，使这5cm上的2—3个腋芽，生长后形成新的嫩梢又可采收上市。采收野生种，在山沟路旁、田间地头、荒地等地方都可收集到野生的成熟果实。

【资源开发与保护】全株入药，散瘀消肿，清热解毒。

白英

【形态特征】草质藤本，长0.5—1m，茎及小枝均密被具节长柔毛。叶互生，多数为琴形，基部常3—5深裂，裂片全缘，侧裂片愈近基部的愈小，端钝，中裂片较大，通常卵形，先端渐尖，中脉明显，侧脉在下面较清晰，通常每边5—7条。聚伞花序顶生或腋外生，疏花；萼环状，萼齿5枚，圆形，顶端具短尖头；花冠蓝紫色或白色，花冠筒隐于萼内，5深裂，裂片椭圆状披针形；花丝长约1mm，花药长圆形，顶孔略向上；子房卵形，花柱丝状，柱头小，头状。浆果球状，成熟时红黑色；种子近盘状，扁平。花期6—8月，果期8—10月。

【分布与生境】秦岭南北坡普遍分布；生长在海拔600—1000m的山谷草丛或灌丛中。喜温暖湿润的环境，耐旱、耐寒、怕水涝。

【食用部位与营养成分】白英苗可作蔬菜食用。

【采收与加工】春夏季可采摘幼苗，洗净后入沸水焯烫，然后凉拌或者炒食。药用时，在夏、秋茎叶生长旺盛时期收割全草，每年可以收割2次，收取后直接晒干，或洗净鲜用。

【资源开发与保护】白英全草入药，具有清热利湿、解毒消肿之功效，可治小儿惊风。果实能治风火牙痛。

Veronica didyma Tenore
老蔓盘子、豆豆蔓
车前科 Plantaginaceae 婆婆纳属植物

野菜植物
婆婆纳

153

【形态特征】铺散多分枝草本，高 10—25cm。叶仅 2—4 对，具 3—6mm 长的短柄，叶片心形至卵形，长 5—10mm，宽 6—7mm，每边有 2—4 个深刻的钝齿，两面被白色长柔毛。总状花序很长；苞片叶状，下部的对生或全部互生；花梗比苞片略短；花萼裂片卵形，顶端急尖，果期稍增大，三出脉，疏被短硬毛；花冠淡紫色、蓝色、粉色或白色，直径 4—5mm，裂片圆形至卵形；雄蕊比花冠短。蒴果近于肾形，密被腺毛，略短于花萼，宽 4—5mm，凹口约为 90 度角，裂片顶端圆，脉不明显，宿存的花柱与凹口齐或略过之。种子背面具横纹。花期 3 月，果期 4—5 月。

【分布与生境】秦岭南北坡普遍分布；生长在海拔 450—1450m 的荒地、路旁、草地、农田中。

【食用部位与营养成分】婆婆纳茎叶可作蔬菜食用，味甜。含糖类、蛋白质、脂肪、粗纤维、多种维生素及矿物质元素等。

【采收与加工】春季没抽生花茎时即可采收。采收时可连根拔起，也可从根茎处割下，用清水洗净后即可加工食用或捆把上市销售。春季采集嫩叶，先用热水焯熟，在冷水中浸泡 2 小时后凉拌食用。

【资源开发与保护】植株全草入药，具凉血止血、理气止痛之功效。用于吐血，疝气，睾丸炎，白带。也可作猪饲料。

野菜植物
阿拉伯婆婆纳

Veronica persica Poir.
波斯婆婆纳
车前科 Plantaginaceae 婆婆纳属植物

【形态特征】铺散多分枝草本，高 10—50cm。叶仅 2—4 对，具短柄，叶片卵形或圆形，长 6—20mm，宽 5—18mm，基部浅心形，平截或浑圆，边缘具钝齿，两面疏生柔毛。总状花序很长；苞片互生，与叶同形且几乎等大；花梗比苞片长；花萼花期长仅 3—5mm，果期增大达 8mm，裂片卵状披针形，有睫毛，三出脉；花冠蓝色、紫色或蓝紫色，长 4—6mm，裂片卵形至圆形，喉部疏被毛；雄蕊短于花冠。蒴果肾形，网脉明显，凹口角度超过 90 度，裂片钝，宿存的花柱长约 2.5mm，超出凹口。种子背面具深的横纹。花期 3 月，果期 4—5 月。

【分布与生境】秦岭南北坡普遍分布；生长在海拔 450—1450m 的荒地、路旁、草地、农田中。

【食用部位与营养成分】阿拉伯婆婆纳茎叶可作蔬菜食用，味甜。含糖类、蛋白质、脂肪、粗纤维、多种维生素及矿物质元素等。

【采收与加工】春季没抽生花茎时即可采收。采收时可连根拔起，也可从根茎处割下，用清水洗净后即可加工食用或捆把上市销售。食用方法包括：凉拌（须用沸水氽烫）、泡酸菜、炒、炖等。

【资源开发与保护】植株全草入药，具祛风除湿、壮腰、截疟之功效。阿拉伯婆婆纳可作为冬季和早春草地绿化植物，冬季保持深绿色，早春呈现蓝紫色花。

Veronica linariifolia Pall. ex Link subsp. *dilatata* (Nakai et Kitagawa) D. Y. Hong
追风草、珍珠花、蓼子草
车前科 Plantaginaceae 婆婆纳属植物

野菜植物
水蔓菁

155

【形态特征】多年生草本，根状茎短。茎直立，单生，高 30—80cm，通常有白色而多卷曲的柔毛。叶全部互生或下部的对生，条形至条状长椭圆形，长 2—6cm，宽 0.2—1cm，下端全缘而中上端边缘有三角状锯齿，极少整片叶全缘的，两面无毛或被白色柔毛。总状花序单支或数支复出，长穗状；花冠蓝色、紫色，少白色，长 5—6mm，筒部长约 2mm，后方裂片卵圆形，其余 3 枚卵形；花丝无毛，伸出花冠。蒴果。花期 6—8 月，果期 7—9 月。

【分布与生境】秦岭南北坡普遍分布；生长在海拔 700—1650m 的山坡路旁、草丛、河滩草地。

【食用部位与营养成分】水蔓菁嫩茎叶可作蔬菜食用，叶味甜。含糖类、蛋白质、脂肪、粗纤维、多种维生素及矿物质元素等。

【采收与加工】春季没抽生花茎时即可采收。采收时掐摘幼苗，用清水洗净后即可加工食用或捆把上市销售。食用方法包括：嫩茎叶在沸水氽烫后凉拌或炒、炖等。

【资源开发与保护】水蔓菁地上部分全草入药，具清肺、化痰、止咳、解毒的作用。治慢性气管炎，咳叶脓血；外用治皮肤湿疹，疖痈疮疡。

野菜植物
大车前
Plantago major L.
钱贯草、大猪耳朵草
车前科 Plantaginaceae 车前属植物

【形态特征】多年生草本，高 15—20cm，根状茎短粗，有须根。基生叶直立，密生，纸质，卵形或宽卵形，长 3—10cm，宽 2.5—6cm，顶端圆钝，边缘波状或有不整齐锯齿，两面有短或长柔毛；叶柄长 3—9cm。花葶数条，近直立，长 8—20cm；穗状花序长 4—9cm，花密生；苞片卵形，较萼裂片短，二者均有绿色龙骨状突起；花萼无柄，裂片椭圆形；花冠裂片椭圆形或卵形。蒴果圆锥状，长 3—4mm，周裂；种子 6—10，矩圆形，黑棕色。花期 5—8 月，果期 7—10 月。

【分布与生境】秦岭分布普遍；生长在海拔 500—2700m 的山谷、田边、路旁及渠岸潮湿处。

【食用部位与营养成分】幼苗和嫩茎叶可供蔬食，富含糖类、蛋白质、脂肪、粗纤维、多种维生素及矿物质元素等。

【采收与加工】在播种后 35—40 天，株高 15—20cm，叶色黑绿，叶芽幼嫩，还没抽生花茎时即可采收。采收时可连根拔起，也可从根茎处割下，用清水洗净后即可加工食用或捆把上市销售。食用方法包括：凉拌（须用沸水汆烫）、泡酸菜、炒、炖等。

【资源开发与保护】植株全草和种子均可入药，具有清热利尿、祛痰、凉血、解毒功能，用于水肿、尿少、热淋涩痛、暑湿泻痢、痰热咳嗽、吐血、痈肿疮毒。

Lamium barbatum Sieb. et Zucc.
龙脑薄荷、山苏子、山麦胡、野藿香、地蚤
唇形科 Labiatae 野芝麻属植物

野菜植物
野芝麻

157

【形态特征】多年生直立草本；根状茎有地下长匍匐枝。茎高达 1m。叶片卵形、卵状心形至卵状披针形，长 4.5—8.5cm，两面均被短硬毛；叶柄长 1—7cm，向上渐短。轮伞花序 4—14 花，生于茎顶部叶腋内；苞片狭条形，具睫毛；花萼钟状，齿 5，披针状钻形，具睫毛；花冠白色或淡黄色，长约 2cm，筒内有毛环，上唇直伸，下唇 3 裂，中裂片倒肾形，顶端深凹，基部急收缩，侧裂片浅圆裂片状，顶端有一针状小齿；药室平叉开，有毛。小坚果倒卵形。花期 5—9 月，果期 6—10 月。

【分布与生境】秦岭南北坡均有分布；生于海拔 800—2100m 的山坡林下、山谷沟岸、草丛、田埂及荒坡上。

【食用部位与营养成分】嫩叶和花作蔬食，其蛋白质、氨基酸和不饱和脂肪酸的含量高，且富含人体必需的钙、铁、锌、硒等矿物质元素。

【采收与加工】春夏秋季采收嫩叶和花，洗净，晒干或鲜用。可配菜、配汤，有特殊芳香风味。

【资源开发与保护】野芝麻是宝贵的蔬菜资源，具有较高的开发利用价值。野芝麻全草入药，治跌打损伤，花治妇科及泌尿系统疾病。野芝麻提取物可使动脉及子宫收缩，可用于子宫出血。该植物含强溶血作用的皂苷，但不在花中。

野菜植物
宝盖草

Lamium amplexicaule L.
珍珠莲、接骨草、莲台夏枯草
唇形科 Labiatae 野芝麻属植物

【形态特征】一年生或二年生植物。茎高 10—30cm，基部多分枝，上升，四棱形，具浅槽，常为深蓝色，中空。茎下部叶具长柄，上部叶无柄，叶片均圆形或肾形，长 1—2cm，宽 0.7—1.5cm，先端圆，基部截形或截状阔楔形，半抱茎，边缘具极深的圆齿，顶部的齿通常较其余的为大。轮伞花序 6—10 花，其中常有闭花受精的花。花萼管状钟形，萼齿 5，披针状锥形，边缘具缘毛。花冠紫红或粉红色，冠筒细长，冠檐二唇形，上唇直伸，长圆形，先端微弯，下唇稍长，3 裂，中裂片倒心形，先端深凹，基部收缩，侧裂片浅圆裂片状。雄蕊 4，前对较长，均上升至上唇片之下花柱丝状，先端不相等 2 浅裂。花盘杯状，具圆齿。小坚果倒卵圆形，具三棱。花期 6—7 月，果期 7—8 月。

【分布与生境】秦岭各地均产；生于海拔 1000—2000m 的山坡、路旁、林缘和山谷草丛。

【食用部位与营养成分】宝盖草嫩茎叶可作蔬菜食用。主要含有蛋白质、多肽、皂苷、多糖、酚性成分、苷类、黄酮类、花青素、萜类及生物碱等成分。

【采收与加工】春夏秋季采收嫩茎叶花，洗净，晒干或鲜用。可配菜、配汤，有特殊芳香风味。

【资源开发与保护】全草入药，治外伤骨折、瘫痪、小儿肝热及脑漏等；外用治跌打伤痛、骨折、黄水疮。

Glechoma longituba (Nakai) Kupr

佛草、金钱草、透骨草、通骨消、金钱菊
唇形科 Labiatae 活血丹属植物

活血丹

【形态特征】多年生草本,高达30cm。茎基部带淡紫红色,下部叶较小,心形或近肾形,上部叶心形,长1.8—2.6cm,具粗圆齿或粗齿状圆齿。轮伞花序通常具2花;苞片及小苞片线形。花萼管形,长0.9—1.1cm,萼齿卵状三角形,先端芒状,上唇3齿较长;花冠蓝或紫色,下唇具深色斑点,冠筒管状钟形,上唇2裂,裂片近肾形,下唇中裂片肾形,侧裂片长圆形。小坚果长约1.5mm,顶端圆,基部稍三棱形。花期3—4月,果期4—5月。

【分布与生境】秦岭北坡普遍分布;生于海拔400—1000m的低山地区阴湿和多水的环境。

【食用部位与营养成分】嫩叶茎供蔬食,富含萜类化合物、多种维生素和矿物质元素。

【采收与加工】4—5月采收全草,晒干或鲜用。

【资源开发与保护】全草治膀胱结石及尿路结石,内服治伤风咳嗽、流感、咯血,外敷治跌打损伤、骨折;叶汁治小儿惊痫、慢性肺炎。

野菜植物
地笋

Lycopus lucidus Turcz.
地参、硬毛地笋、提娄、地瓜儿苗、蚕蛹子、地藕
唇形科 Labiatae 地笋属植物

【形态特征】多年生草本。地下茎与茎基部均肥厚，呈纺锤状，白色，节上着生须根。茎直立，高30—120cm，方形，在棱上和节上有长毛。单叶对生，有短柄或近于无柄，叶片卵状披针形或披针形，先端渐尖或尾尖，基部楔形，边缘有三角形粗锯齿。轮状花序腋生，每轮有花6—10朵；萼片披针形，全缘，萼钟形，外被短柔毛，先端有5齿，绿色；花冠钟状，白色，二唇上下直立，先端微缺，下唇多裂，花冠喉内密被细软毛；雄蕊2，分离，稍伸出花冠筒外，花药2室，有退化雄蕊2；花柱细长，伸出花冠之外，柱头2裂，外卷。小坚果扁平而光滑，顶端平截，暗褐色。花期7—9月，果期9—10月。

【分布与生境】秦岭北坡普遍分布；生于海拔1000m左右的低山地区阴湿和多水的环境。

【食用部位与营养成分】春、夏季可采摘嫩茎叶凉拌、炒食、做汤，含有丰富的淀粉、蛋白质、矿物质元素，还含有泽兰糖、葡萄糖、丰乳糖、蔗糖、水苏糖等，可为人体提供丰富的能量。

【采收与加工】夏秋两季当茎、叶生长最茂盛时采收；割取全草，去净泥沙，晒干即可；品质以干燥、茎短、质嫩、叶多、色灰绿者为好。用绳捆好，席包装，贮存于干燥通风处。

【资源开发与保护】地笋全草为妇科重要药物。能通经、利尿，并对产前产后诸病均有效。根茎入药，具有降血脂、通九窍、利关节、养气血等功能。

Mazus japonicus (Thunb.) O. Kuntze
豆瓣菜
通泉草科 Mazaceae 通泉草属植物

通泉草

【形态特征】一年生草本，高 3—30cm。主根伸长，垂直向下或短缩，须根纤细，多数，散生或簇生。茎 1—5 支或有时更多，直立，上升或倾卧状上升，着地部分节上常能长出不定根，分枝多而披散。基生叶少到多数，有时成莲座状或早落，倒卵状匙形至卵状倒披针形，膜质至薄纸质，顶端全缘或有不明显的疏齿，基部楔形，下延成带翅的叶柄，边缘具不规则的粗齿或基部有 1—2 片浅羽裂；茎生叶对生或互生，少数，与基生叶相似或几乎等大。总状花序生于茎、枝顶端，常在近基部即生花，伸长或上部成束状，通常 3—20 朵，花稀疏；花萼钟状，萼片与萼筒近等长，卵形，端急尖；花冠白色、紫色或蓝色，上唇裂片卵状三角形，下唇中裂片较小，倒卵圆形。蒴果球形；种子小而多数。花果期 4—5 月，果期 6—7 月。

【分布与生境】秦岭南北坡普遍分布，生于海拔 430—1850m 的荒地、水旁、路边。

【食用部位与营养成分】嫩叶茎可作蔬菜食用，营养丰富。

【采收与加工】春夏季可采收嫩叶茎，洗净，鲜用或晒干。

【资源开发与保护】全草入药，具解毒、健胃、止痛之功效；用于偏头痛，消化不良；外用于疔疮，脓疱疮，烫伤。

162　野菜植物

地黄

Rehmannia glutinosa (Gaetn.) Libosch. ex Fisch. et Mey.
胡面莽、婆婆奶、怀庆地黄、生地、野生地
列当科 Orobanchaceae 地黄属植物

【形态特征】多年生直立草本，高
10—30cm，全体密被白色长腺毛。根
肉质。叶多基生，莲座状，叶片倒卵
状披针形至长椭圆形，边缘齿钝或尖；
茎生叶无或有而远比基生叶小。总状
花序顶生，有时自茎基部生花；苞片
下部的大，比花梗长，有时叶状，上
部的小；花多少下垂；花萼筒部坛状，
萼齿 5 枚，反折，后面一枚略长；花
冠紫红色，长约 4cm，中端略向下曲，
上唇裂片反折，下唇 3 裂片伸直，长
方形，顶端微凹，长 0.8—1cm；子房
2 室，花后渐变 1 室。蒴果卵形。花
期 4—7 月，果期 4—7 月。

【分布与生境】秦岭南北坡均产，分
布较为普遍；生于海拔 370—1320m
的山坡草丛、路旁、荒山坡、山脚及
墙边，野生或栽培。

【食用部位与营养成分】嫩叶茎可作
蔬菜食用，富含粗蛋白、粗脂肪、粗
纤维、维生素 C、钾、钠、钙、镁、
铁等。

【采收与加工】春夏季可采收嫩叶茎，
洗净，鲜用或晒干，作蔬菜用。药用
根时，一般在秋季采挖根部。将鲜地
黄烘焙。干地黄，小条的一般晒干即
可。将地黄加黄酒 50%，拌蒸即为熟
地黄，简称熟地，放阴凉干燥的地方
贮藏，防止潮湿霉坏。

【资源开发与保护】地黄具有养阴生
津、清热凉血之功效，是阴虚内热、
阳虚消渴、阴虚血少、须发早白、腰
膝痿弱等患者的进补康复药，已成为
中国重要的创汇产品之一。

Pedicularis resupinata Linn.
甘积草
列当科 Orobanchaceae 马先蒿属植物

返顾马先蒿

【形态特征】多年生草本，高30—70cm，直立，干时不变黑色。茎常单出，上部多分枝，粗壮而中空，多方形有棱。叶密生，均茎出，互生或有时下部甚或中部者对生；叶片膜质至纸质，卵形至长圆状披针形，前方渐狭，基部广楔形或圆形，边缘有钝圆的重齿，齿上有浅色的胼胝或刺状尖头，且常反卷。花单生于茎枝顶端的叶腋中，无梗或有短梗；萼长长卵圆形，多少膜质，脉有网结，前方深裂，齿仅2枚，宽三角形，全缘或略有齿。花冠淡紫红色，管长约12—15mm，伸直，近端处略扩大，自基部起即向右扭旋，由脉理清晰可见，此种扭旋使下唇及盔部成为回顾之状，盔的直立部分与花管同一指向，在此部分以上作两次多少膝盖状弓曲，第一次向前上方成为含有雄蕊的部分，第二次至额部再向前下方以形成长不超过3mm的圆锥形短喙，下唇稍长于盔，以锐角开展，3裂，中裂较小，广卵形；雄蕊花丝前面1对有毛；柱头伸出于喙端。蒴果斜长圆状披针形。花期6—8月；果期7—9月。

【分布与生境】秦岭南北坡均产，分布较为普遍；生于海拔500—2300m的山坡草丛及林缘。

【食用部位与营养成分】嫩叶茎可作蔬菜食用，富含粗蛋白、粗脂肪、粗纤维、皂苷及生物碱，并含有大量的钠盐。

【采收与加工】春夏季可采收嫩叶茎，洗净，鲜用或晒干，作蔬菜用。药用时，夏、秋季采收，除去杂质，洗净泥土，晒干，切段备用。

【资源开发与保护】返顾马先蒿全草入药，祛风湿，利尿。治风湿关节疼痛，小便不畅，妇女白带，疔疮。

野菜植物

凌霄

Campsis grandiflora (Thunb.) Schum.

凌霄上树龙、五爪龙、九龙下海、接骨丹、藤五加、茗华

紫葳科 Bignoniaceae 凌霄属植物

【形态特征】落叶木质攀缘藤本，表皮脱落，枯褐色，以气生根攀附于它物之上。奇数羽状复叶对生，小叶 7—9 片，顶端小叶较大，卵形至卵状披针形，长 4—9cm，宽 2—4cm，先端渐尖，基部不对称，边缘有锯齿。聚伞花序或圆锥花序顶生；花萼 5 裂至中部，绿色，裂片披针形；花冠橙黄色，漏斗状钟形。短而阔，先端 5 裂，裂片圆形，开展；雄蕊 4 枚，2 长 2 短，第 5 枚退化；雌蕊 1，子房 2 室，基部有花盘。蒴果伸长，具子房柄，室背裂开；种子多数，压扁状，两端具大而薄的翅。花期 7—9 月，果期 8—10 月。

【分布与生境】秦岭南坡野生，北坡有栽培；生于海拔 1100—1300m，常借气根攀缘崖壁而生长。

【食用部位与营养成分】花可食用，含芹菜素、β–谷甾醇等。

【采收与加工】8—9 月花开放时，选晴天将花摘下，晒干或用微火烘干即可备用。品质以干燥、无花梗、无霉较佳，贮藏于干燥的地方。

【资源开发与保护】夏季开红花，鲜艳夺目，花期较长，用以庭院栽培，攀缘墙垣、山石、枯树、棚架或花廊，均极为优美。花为通经利尿药，适用于妇女经闭、小腹胀痛、产后乳肿，并治崩中带下，有清血消炎作用。

【形态特征】一年生直立草本，被微柔毛；茎圆柱状，有条纹，高 15—50cm。叶在基部的对生，分枝上的互生，2—3 回羽状；羽片 4—7 对，下部的羽片再分裂成 2 或 3 对，裂片条形或条状披针形。花序总状，有 4—18 朵花；花萼钟状，萼齿钻形，基部膨胀；花冠红色或淡红紫色，花冠筒内基部有腺毛，裂片圆或凹入；雄蕊 4 枚。蒴果圆柱形，顶端渐尖或弯曲；种子卵形，平凸，透明，全缘或不规则开裂。花期 6—7 月，果期 7—8 月。

【分布与生境】秦岭南北坡均有分布产；生于海拔 650—1600m 的山坡荒地或河旁沙质土上。

【食用部位与营养成分】嫩茎叶可作蔬菜食用，含有角蒿酯碱。

【采收与加工】作蔬菜食用时，在春夏季未开花前，采摘嫩茎叶，洗净后，在沸水汆烫后凉拌或炒、炖等。药用时，8 月下旬至 9 月上旬采收；当植株顶端花开完，下部长角状蒴果近成熟时割取地上全草，趁鲜切段晒干或烘干，备用；以身干、淡黄色、不带根、无杂质者为佳。

【资源开发与保护】角蒿是优良的药用、观赏植物，在干旱河谷园林建设中有较高的应用价值。全草药用，具祛风湿、解毒、杀虫作用。主治风湿痹痛、跌打损伤、口疮、齿龈溃烂、耳疮、湿疹、疥癣、阴道滴虫病。

野菜植物

梓

Catalpa ovata G. Don

梓树、木角豆、水桐楸、黄花楸、臭梧桐、河楸、水桐

紫葳科 Bignoniaceae 梓属

【形态特征】落叶乔木，高达 10 余 m。树皮灰褐色，纵裂；幼枝常带紫色。单叶对生或常 3 枚轮生，具柄，阔卵形至近圆形，不分裂或掌状三浅裂，裂片先端渐尖，基部近心形。全缘，掌状脉 5 出，常带紫色，脉腋及叶片基部常具紫色斑点状的腺体。圆锥花序顶生；花萼 2 裂，裂片阔卵形，绿色或紫色；花冠黄白色，具数行紫色斑点，2 唇形，前唇 2 裂，后唇 3 裂，裂片边缘成极不规则波状皱曲；雄蕊 5，仅 2 枚完全发育；雌蕊 1，子房上位，2 室，花柱细长，柱头 2 裂。蒴果长圆柱形。花期 5—6 月，果期 10—11 月。

【分布与生境】秦岭南北坡均分布；生于海拔 500—1600m 的平原、浅山。

【食用部位与营养成分】嫩叶可供食用。

【采收与加工】春夏季，采摘嫩叶，洗净后，在沸水余烫后凉拌或炒、炖等。

蒴果近将成熟而未开裂时进行采摘，将采收的果实晒干，贮藏在干燥通风的地方。

【资源开发与保护】梓抗污染能力较强；根系较浅，生长较快。本种叶大荫浓，花也美丽，常栽作庭荫树及行道树，也常作工矿区及农村四旁绿化树种；又是速生用材树种。种子入药，能解毒利尿、止吐，治肾脏病。果供药用，有利尿之效。

Catalpa bungei C. A. Mey.
楸树、木王、金丝楸
紫葳科 Bignoniaceae 梓属植物

楸

【形态特征】乔木，高8—12m。叶三角状卵形或卵状长圆形，长6—15cm，宽达8cm，顶端长渐尖，基部截形，阔楔形或心形，有时基部具有1—2牙齿。顶生伞房状总状花序，有花2—12朵。花萼蕾时圆球形，2唇开裂，顶端有；2尖齿。花冠淡红色，内面具有2黄色条纹及暗紫色斑点，长3—3.5cm。蒴果线形，长25—45cm。种子狭长椭圆形，长约1cm，宽约2cm，两端生长毛。花期4—5月，果期8—9月。

【分布与生境】秦岭北坡均有分布，多栽培。

【食用部位与营养成分】花可炒食，嫩叶可作蔬菜食用。

【采收与加工】蔬菜食用时，4—5月花期采摘花；春夏季采摘嫩叶。药用时，春夏秋季挖根剥皮，洗净晒干；夏季采叶，晒干；秋季采摘果实，切段，阴干用。

【资源开发与保护】楸树对有毒气体抗性较强。材质优良，树姿雄伟，干直荫浓，花大而美观，是优良的用材及绿化、观赏树种。楸茎皮、叶、种子入药，果实味苦性凉，清热利尿，主治尿路结石、尿路感染、热毒疮廊，孕妇忌用。

野菜植物
灰楸

Catalpa fargesii Bur.
川楸
紫葳科 Bignoniaceae 梓属植物

【形态特征】乔木，高达 25m；幼枝、花序、叶柄均有分枝毛。叶厚纸质，卵形或三角状心形，顶端渐尖，基部截形或微心形，侧脉 4—5 对，基部有 3 出脉。顶生伞房状总状花序，有花 7—15 朵。花萼 2 裂近基部，裂片卵圆形。花冠淡红色至淡紫色，内面具紫色斑点，钟状，长约 3.2cm。雄蕊 2，内藏，退化雄蕊 3 枚，花丝着生于花冠基部，花药广歧。花柱丝形，细长，柱头 2 裂；子房 2 室，胚珠多数。蒴果细圆柱形，下垂，果爿革质，2 裂。种子椭圆状线形，薄膜质，两端具丝状种毛。花期 4—5 月，果期 8—9 月。

【分布与生境】秦岭南北坡均分布；生于海拔 500—1500m 的河谷、山麓。

【食用部位与营养成分】嫩叶和花可作蔬菜食用。

【采收与加工】蔬菜食用时，4—5 月花期采摘花；春夏季采摘嫩叶。春、夏、秋挖根剥皮，洗净晒干；夏季采叶，晒干；秋季采摘果实，切段，阴干用。

【资源开发与保护】常栽培作庭园观赏树、行道树；木材细致，为优良的建筑、家具用材树种；叶可喂猪；果入药，利尿；根皮治皮肤病；皮、叶浸液作农药，可治稻螟、飞虱。

Adenophora polyantha Nakai
石沙参
桔梗科 Campanulaceae 沙参属

【形态特征】多年生草本，有白色乳汁。根近胡萝卜形，长达 30cm。茎通常数条自根抽出，高 25—80cm。茎生叶互生，无柄，薄革质或纸质，条形、条状披针形至狭卵形，边缘有长或短的尖齿。花序不分枝，总状，或下部有分枝而呈圆锥状；花常偏于一侧；花萼外面有疏或密的短毛，裂片 5，狭三角状披针形；花冠深蓝色，钟状，5 浅裂；雄蕊 5，花丝下部变宽，有柔毛；花盘短圆筒状，有疏毛；子房下位，花柱与花冠近等长或伸出。花期 8—9 月，果期 10 月。

【分布与生境】秦岭南北坡均产；生于海拔 1000—3000m 的山坡草地或灌木丛中。喜温暖或凉爽气候，耐寒。

【食用部位与营养成分】石沙参茎叶可作蔬菜食用。富含人体所必需的蛋白质、脂肪、糖类、无机盐、微量元素和维生素等营养物质。

【采收与加工】作蔬菜食用时，春夏季采摘嫩茎叶。药用时，播种后 2—3 年采收，秋季挖取根部，除去茎叶及须根，洗净泥土，趁新鲜时用竹片刮去外皮，切片，晒干。

【资源开发与保护】石沙参根部入药，可养阴清热，润肺化痰，益胃生津。主阴虚久咳，痨嗽痰血，燥咳痰少，虚热喉痹，津伤口渴。近年经有关科研部门化验，证实这种野菜，营养价值较高，开发价值大。

野菜植物

紫斑风铃草

Campanula puncatata Lam.
灯笼花、吊钟花、山小菜
桔梗科 Campanulaceae 风铃草属植物

【形态特征】多年生草本，全体被刚毛，具细长而横走的根状茎。茎直立，粗壮，高 20—100cm，通常在上部分枝。基生叶具长柄，叶片心状卵形；茎生叶下部的有带翅的长柄，上部的无柄，三角状卵形至披针形，边缘具不整齐钝齿。花顶生于主茎及分枝顶端，下垂；花萼裂片长三角形，裂片间有一个卵形至卵状披针形而反折的附属物，它的边缘有芒状长刺毛；花冠白色，带紫斑，筒状钟形，长 3—6.5cm，裂片有睫毛。蒴果半球状倒锥形，脉很明显。种子灰褐色，矩圆状。花期 6—8 月，果期 7—9 月。

【分布与生境】秦岭南北坡普遍分布；生于海拔 1000—2800m 的山坡丛林下或山沟、河边草地或路边。喜夏季凉爽、冬季温和的气候，喜光照充足环境，可耐半阴。

【食用部位与营养成分】嫩茎叶可作蔬菜食用。富含人体所必需的蛋白质、脂肪、糖类、无机盐、微量元素和维生素等营养物质。

【采收与加工】春夏季采摘嫩茎叶，经开水焯、凉水漂后，可炒食、凉拌、做汤等，色泽翠绿，鲜嫩爽口。

【资源开发与保护】以全草入药，清热解毒，止痛。在英国，人们认为风铃草的花朵像天主教坎特伯雷寺院朝圣者手摇的铜铃，因此又把它称为"坎特伯雷之钟"。

Lobelia chinensis Lour.
瓜仁草、细米草、急解索
桔梗科 Campanulaceae 半边莲属植物

野菜植物
半边莲

171

【形态特征】多年生草本，有白色乳汁。茎平卧，在节上生根，分枝直立，高6—15cm。叶无柄或近无柄，狭披针形或条形，长8—25mm，宽2—5mm，顶端急尖，边全缘或有波状小齿。花通常1朵生分枝上部叶腋；花萼裂片5，狭三角形，长3—6mm；花冠粉红色，裂片5，背面裂至基部，喉部以下生白色柔毛裂片全部平展于下方，呈一个平面，2侧裂片披针形，较长，中间3枚裂片椭圆状披针形，较短；雄蕊5，花丝上部、花药合生，下面2花药顶端有髯毛；子房下位，2室。蒴果倒锥状。种子椭圆状，稍扁压，近肉色。花期5—7月，果期8—10月。

【分布与生境】秦岭南坡有分布，生于田埂、草地、沟边、溪边潮湿处。半边莲喜潮湿环境，稍耐轻湿干旱，耐寒，可在田间自然越冬。

【食用部位与营养成分】嫩茎叶可食。全草除含蛋白质、脂肪、多糖、无机盐、微量元素和维生素等营养物质外，还含有生物碱黄酮苷、皂苷、氨基酸等。

【采收与加工】春夏季采嫩茎叶，经开水焯、凉水漂后，可炒食、凉拌、做汤等，色泽翠绿，鲜嫩爽口。

【资源开发与保护】全草入药，治疗晚期血吸虫腹水症有效。又为著名的解毒药物，外用及内服对毒蛇咬伤或蜂、蝎、螯伤等有效。对疔疮初起、炎肿麻木，用全草和盐少许，捣敷患处，疗效甚好。茎、叶都有杀虫作用，用时以水煮或用冷水浸泡过滤的药液喷洒。

野菜植物

三脉紫菀

Aster ageratoides Turcz.
野白菊花、山白菊、山雪花、白升麻、三脉叶马兰、鸡儿肠
菊科 Compositae 紫菀属植物

【形态特征】多年生草本，根状茎粗壮。茎直立，高 40—100cm，有棱及沟，被柔毛或粗毛。下部叶在花期枯落，叶片宽卵圆形，急狭成长柄；中部叶椭圆形或长圆状披针形，中部以上急狭成楔形具宽翅的柄，顶端渐尖，边缘有 3—7 对浅或深锯齿；上部叶渐小，有浅齿或全缘，全部叶纸质，有离基（有时长达 7cm）三出脉，侧脉 3—4 对，网脉常显明。头状花序径 1.5—2cm，排列成伞房或圆锥伞房状。总苞倒锥状或半球状；总苞片 3 层，覆瓦状排列，线状长圆形，下部近革质或干膜质，上部绿色或紫褐色。舌状花 10 余个，舌片线状长圆形，紫色，浅红色或白色，管状花黄色。冠毛浅红褐色或污白色。瘦果倒卵状长圆形，灰褐色，有边肋，一面常有肋。花期 7—12 月，果期 7—12 月。

【分布与生境】秦岭南北坡均分布；生于海拔 1000—2800m 的山坡丛林下或山沟、河边草地或路边。

【食用部位与营养成分】嫩叶可蔬食。全草中含紫菀皂角苷、皂角苷及阿拉伯糖等。

【采收与加工】春夏季采摘嫩茎叶，经开水焯、凉水漂后，可炒食、凉拌、做汤等。药用时，秋季采割全草。去泥土杂质，晒干。

【资源开发与保护】三脉紫菀带根全草药用，清热解毒，利尿止血。用于咽喉肿痛、咳嗽痰喘、乳蛾、疟腮、乳痈、小便淋痛、痈疖肿毒、外伤出血。

Erigeron annuus (L.) Pers.
千层塔、治疟草、野蒿
菊科 Compositae 飞蓬属植物

野菜植物
一年蓬

173

【形态特征】一年生或二年生草本，茎粗壮，高 30—100cm，基部径 6mm，直立，上部有分枝，绿色。基部叶花期枯萎，长圆形或宽卵形，少有近圆形，或更宽，顶端尖或钝，基部狭成具翅的长柄，边缘具粗齿，下部叶与基部叶同形，但叶柄较短，中部和上部叶较小，长圆状披针形或披针形，顶端尖，具短柄或无柄，边缘有不规则的齿或近全缘，最上部叶线形，全部叶边缘被短硬毛，两面被疏短硬毛，

或有时近无毛。头状花序数个或多数，排列成疏圆锥花序，总苞半球形，总苞片 3 层，草质，披针形，背面密被腺毛和疏长节毛；外围的雌花舌状，2 层，舌片平展，白色，或有时淡天蓝色，线形，顶端具 2 小齿，花柱分枝线形；中央的两性花管状，黄色；瘦果披针形，扁压，被疏贴柔毛；冠毛异形，雌花的冠毛极短，膜片状连成小冠，两性花的冠毛 2 层。花期 6—8 月，果期 9—10 月。

【分布与生境】秦岭南北坡均产，非常普遍；生于海拔 400—2200m 的山坡草地或路边。

【食用部位与营养成分】嫩茎叶可蔬食，有降血糖和抑菌作用。

【采收与加工】春夏季采摘嫩茎叶，经开水焯、凉水漂后，可炒食、凉拌、做汤等。药用时，夏秋季采收全草，洗净，鲜用或晒干。

【资源开发与保护】全草可入药，对消化不良、胃肠炎、齿龈炎及治疟有良效。

野菜植物
万寿菊

Tagetes erecta Linn.
臭芙蓉、金菊、黄菊、红花、柏花、里苦艾
菊科 Compositae 万寿菊属植物

【形态特征】一年生草本。叶羽状分裂，长5—10cm，宽4—8cm，裂片长椭圆形或披针形，具锐齿，上部叶裂片齿端有长细芒，叶缘有少数腺体。头状花序单生，径5—8cm，花序梗顶端棍棒状；总苞长1.8—2cm，径1—1.5cm，杯状，顶端具尖齿。舌状花黄或暗橙黄色，长2.9cm，舌片倒卵形，长1.4cm，基部成长爪，先端微弯缺；管状花花冠黄色，长约9mm，冠檐5齿裂。瘦果线形，被微毛；冠毛有1—2长芒和2—3短而钝鳞片。花期7—9月，果期8—10月。

【分布与生境】秦岭南北坡均有栽培。

【食用部位与营养成分】万寿菊花可以食用，是花卉食谱中的名菜。

【采收与加工】夏秋季采花，将新鲜的万寿菊花瓣洗净晾干，再裹上面粉用油炸，就如同臭豆腐一般，闻起来非常臭，油炸后却是香喷喷的，而且还很美味。

【资源开发与保护】万寿菊是一种常见的园林绿化花卉，其花大、花期长，常用来点缀花坛、广场、布置花丛、花境和培植花篱。万寿菊植株对氟化氢、二氧化硫等气体有较强的抗性和吸收作用，而且还可以引诱土壤中的线虫。根入药，解毒消肿，用于上呼吸道感染、百日咳、支气管炎、眼角膜炎、咽炎、口腔炎、牙痛；外用治腮腺炎、乳腺炎、痈疮肿毒。

野菜植物

Syneilesis aconitifolia (Bge.) Maxim.
小鬼伞、铁灯台、龙头七
菊科 Compositae 兔儿伞属植物

兔儿伞

175

【形态特征】多年生草本。茎紫褐色，不分枝。叶通常 2，下部叶盾状圆形，宽 20—30cm，掌状深裂，裂片 7—9，每裂片 2—3 浅裂，小裂片线状披针形，被密蛛丝状绒毛，叶柄基部抱茎。头状

花序在茎端密集成复伞房状，花序梗长 0.5—1.6cm，具数枚线形小苞片；总苞筒状，长 0.9—1.2cm，径 5—7mm，基部有 3—4 小苞片；总苞片 1 层，长圆形，边缘膜质，背面无毛。小花 8—10，全部管状，花冠淡粉白色，长 1cm。瘦果圆柱形，长 5—6mm，具肋；冠毛污白至红色，糙毛状。花期 6—7 月，果期 8—10 月。

【分布与生境】秦岭南北坡均有分布，生于海拔 500—1800m 山坡荒地林缘或路旁。喜温暖、湿润及阳光充足的环境，耐半阴、耐寒、耐瘠。

【食用部位与营养成分】嫩茎叶可蔬食，根叶含松油醇、吡喃葡萄糖苷和当归酸酯。地上部分中含上述化合物及芳樟醇和大牻牛儿烯。

【采收与加工】春夏季采摘嫩茎叶，经开水焯、凉水漂后，可炒食、凉拌、做汤等。秋季采收全草，除净泥土，晒干，作药用。

【资源开发与保护】根和全草入药，具祛风湿、舒筋活血、止痛之功效。

野菜植物
水飞蓟

Silybum marianum (L.) Gaertn.
奶蓟草、老鼠筋、水飞雉、奶蓟
菊科 Compositae 水飞蓟属植物

【形态特征】一年生或二年生草本，高 1.2m。茎直立，分枝，有条棱，全部茎枝有白色粉质复被物，被稀疏的蛛丝毛或脱毛；莲座状基生叶与下部茎叶有叶柄，全形椭圆形或倒披针形，羽状浅裂至全裂，裂片边缘及顶端有坚硬的黄色的针刺。头状花序较大，生枝端，植株含多数头状花序，但不形成明显的花序式排列；总苞球形或卵球形，总苞片 6 层；小花红紫色，少有白色。瘦果压扁，长椭圆形，果缘边缘全缘，无锯齿，冠毛多层，刚毛状，白色。花期 5—10 月，果期 6—11 月。

【分布与生境】秦岭南北坡均有栽培。喜温暖干燥环境，忌高温喜凉爽干燥气候，适应性强，对土壤、水分要求不严，沙滩地、盐碱地均可种植。

【食用部位与营养成分】嫩茎叶供蔬食，紫花、白花水飞蓟果实都含有大量脂肪，可以食用，含油量高、油味香、色泽好，和大豆油有同等营养价值。

【采收与加工】春夏季采摘嫩茎叶，经开水焯、凉水漂后，可炒食、凉拌、做汤等。夏季采收种子。果实进行榨油或入药。

【资源开发与保护】水飞蓟作为食品，营养价值高。除此外，水飞蓟瘦果入药，性味苦凉，有清热、解毒、保肝利胆作用。

Cosmos bipinnatus Cav.
大波斯菊、波斯菊、痢疾草
菊科 Compositae 秋英属植物

秋英

【形态特征】一年生或多年生草本植物，高 1—2m。根纺锤状，多须根，或近茎基部有不定根。叶二次羽状深裂，裂片线形或丝状线形。头状花序单生，径 3—6cm；花序梗长 6—18cm。总苞片外层披针形或线状披针形，近革质，淡绿色，具深紫色条纹，上端长狭尖，长 10—15mm，内层椭圆状卵形，膜质。舌状花紫红色，粉红色或白色；舌片椭圆状倒卵形，长 2—3cm，宽 1.2—1.8cm，有 3—5 钝齿；管状花黄色，长 6—8mm，管部短，上部圆柱形，有披针状裂片；花柱具短突尖的附器。瘦果黑紫色，上端具长喙，有 2—3 尖刺。花期 6—8 月，果期 9—10 月。

【分布与生境】波斯菊原产美洲墨西哥，在我国栽培甚广，在路旁、田埂、溪岸也常自生。西部有大面积归化，海拔可达 2700m。喜温暖和阳光充足环境，耐寒，怕半阴和高温。

【食用部位与营养成分】花序可作蔬菜食用。

【采收与加工】当花蕾半开至盛开时即可采收，收获部位为波斯菊的带梗花序，操作最好在清晨气温较低时进行。产品应立刻插放在水桶中，尽快预冷处理。

【资源开发与保护】波斯菊株形高大，叶形雅致，花色丰富，有粉、白、深红等色，适于布置花镜，在草地边缘、树丛周围及路旁成片栽植美化绿化。重瓣品种可作切花材料。适合作花境背景材料，也可植于篱边或宅旁。花序、种子或全草入药清热解毒、化湿。主治急、慢性痢疾，目赤肿痛；外用治痈疮肿毒。

野菜植物
千里光

Senecio scandens Buch.–Ham. ex D. Don
九里明、九里光、蔓黄菀、九龙光
菊科 Compositae 千里光属植物

【形态特征】多年生攀缘草本，根状茎木质，粗，径达 1.5cm，高 1~5m。茎伸长，弯曲，长 2—5m，多分枝。叶具柄，叶片卵状披针形至长三角形，有时具细裂或羽状浅裂，羽状脉。头状花序有舌状花，多数，在茎枝端排列成顶生复聚伞圆锥花序；分枝和花序梗被密至疏短柔毛；总苞圆柱状钟形，总苞片 12—13，线状披针形，渐尖，上端和上部边缘有缘毛状短柔毛，草质，具 3 脉。舌状花 8—10，舌片黄色，长圆形，具 3 细齿，具 4 脉；管状花多数；花冠黄色，檐部漏斗状；裂片卵状长圆形，上端有乳头状毛。花药基部有钝耳；附片卵状披针形；花药颈部伸长，向基部略膨大；花柱分枝长 1.8mm，顶端截形，有乳头状毛。瘦果圆柱形；冠毛白色。花期 9 月，果期 10—11 月。

【分布与生境】秦岭南北坡均有分布，生于海拔 500—800m 生于山坡、疏林下、林边、路旁。适应性较强，耐干旱，又耐潮湿，对土壤条件要求不严，但以砂质壤土及黏壤土生长较好。

【食用部位与营养成分】嫩茎叶可作蔬菜食用。除含粗蛋白、多糖外，还含有黄酮、生物碱、胡萝卜素、菊黄质及多种微量元素。

【采收与加工】春夏季采收嫩茎叶，经开水焯、凉水漂后，可炒食、凉拌、做汤等。药用时，秋季采集全草，采收后除去杂质，阴干。

【资源开发与保护】千里光全草入药，具有清热解毒、明目、止痒等功效。多用于风热感冒、目赤肿痛、泄泻痢疾、皮肤湿疹疮疖。可用于临床治疗各种炎症性疾病、眼疾等。

Taraxacum mongolicum Hand.–Mazz.

华花郎、蒲公草、黄花地丁、婆婆丁、灯笼草、姑姑英

菊科 Compositae 蒲公英属植物

蒲公英

【形态特征】多年生草本。根圆柱状，黑褐色，粗壮。叶倒卵状披针形、倒披针形或长圆状披针形，顶端裂片较大，三角形或三角状戟形，全缘或具齿，每侧裂片 3—5 片，裂片三角形或三角状披针形，通常具齿，平展或倒向，裂片间常夹生小齿，基部渐狭成叶柄，叶柄及主脉常带红紫色。花葶 1 至数个，头状花序；总苞钟状，淡绿色；总苞片 2—3 层，外层总苞片卵状披针形或披针形，边缘宽膜质，基部淡绿色，上部紫红色，先端增厚或具小到中等的角状突起；内层总苞片线状披针形，先端紫红色，具小角状突起；舌状花黄色，边缘花舌片背面具紫红色条纹，花药和柱头暗绿色。瘦果倒卵状披针形，暗褐色；冠毛白色。花期 4—9 月，果期 5—10 月。

【分布与生境】秦岭南北坡均产，很普遍；生于海拔 350—1500m 的田间路旁或山坡荒野。

【食用部位与营养成分】嫩茎叶供蔬食，富含维生素 A、维生素 C 及钾，也含有铁、钙、维生素 B_2、维生素 B_1、维生素 B_6、叶酸及镁、铜。蒲公英可生吃、炒食、做汤，是药食兼用的植物。

【采收与加工】播种当年不采收叶片，第二年开始采收。以药用为目的，收获全草时可于春秋植株开花初期挖取全株。作蔬菜栽培时不收全株，在叶片长至 30cm 以上时可刈割叶片和在开花初期收花葶，去掉烂损叶片，分级包装即可上市。

【资源开发与保护】蒲公英植物体中含有蒲公英醇、蒲公英素、胆碱、有机酸、菊糖等多种营养成分。有利尿、缓泻、退黄疸、利胆等功效。全草供药用，有清热解毒、消肿散结的功效。

野菜植物
泥胡菜

Hemistepta lyrata (Bunge) Bunge
奶浆藤、猪兜菜、苦马菜、剪刀草、石灰菜、苦郎头
菊科 Compositae 泥胡菜属植物

【形态特征】一年生草本，高 30—100cm。茎单生。全部叶大头羽状深裂或几全裂全部茎叶质地薄，两面异色，上面绿色，无毛，下面灰白色，被厚或薄绒毛。头状花序在茎枝顶端排成疏松伞房花序，总苞宽钟状或半球形，直径 1.5—3cm。总苞片多层，覆瓦状排列，全部苞片质地薄，草质，小花紫色或红色，花冠长 1.4cm，深 5 裂，花冠裂片线形，细管部为细丝状。瘦果小，楔状或偏斜楔形，深褐色，压扁，有膜质果缘。冠毛异型，白色，两层，外层冠毛刚毛羽毛状，长 1.3cm，基部连合成环，整体脱落。花期 4—5 月，果期 6—7 月。

【分布与生境】秦岭南北坡均产，很普遍；生于海拔 550—2000m 的田间路旁、山坡荒野或水沟旁。

【食用部位与营养成分】泥胡菜花蕾和幼苗食用、莲座期叶片柔软、气味纯正、开花期前茎秆脆嫩、水分多、纤维少。含蛋白质、脂肪以及大量植物纤维素，另外它还含有磷、铁以及钙和锌等多种微量元素。

【采收与加工】春夏季采摘嫩茎叶，或带花蕾的幼苗，清水洗净后，用沸水焯后凉拌或直接炒食。药用时，四季可采，洗净，鲜用或晒干扎捆，用时切段。

【资源开发与保护】泥胡菜嫩茎叶也作饲料。全草入药，具有清热解毒、消肿散结功效，可治疗乳腺炎、疔疮、颈淋巴炎、痈肿、牙痛、牙龈炎等病症。

Youngia japonica (L.) DC.

菊科 Compositae 黄鹌菜属

黄鹌菜

【形态特征】一年生草本，高10—100cm。根垂直直伸，生多数须根。茎直立，单生或少数茎成簇生，粗壮或细，顶端伞房花序状分枝或下部有长分枝，下部被稀疏的皱波状长或短毛。基生叶全形倒披针形、椭圆形、长椭圆形或宽线形，大头羽状深裂或全裂，叶柄有狭或宽翼或无翼，顶裂片卵形、倒卵形或卵状披针形，顶端圆形或急尖，边缘有锯齿或几全缘，侧裂片3—7对，椭圆形，向下渐小，最下方的侧裂片耳状，全部侧裂片边缘有锯齿或细锯齿或边缘有小尖头。头花序含10—20枚舌状小花，多数在茎枝顶端排成伞房花序。总苞圆柱状；总苞片4层，外层及最外层极短，宽卵形或宽形，

披针形，顶端急尖，边缘白色宽膜质。舌状小花黄色，花冠管外面有短柔毛。瘦果纺锤形，压扁，褐色或红褐色。花期4—6月，果期5—9月。

【分布与生境】秦岭南北坡均产；生于海拔600—2200m的田间路旁、山坡荒野或水沟旁。

【食用部位与营养成分】嫩叶可供蔬食。含有较高的膳食纤维、硝酸盐和亚硝酸盐。

【采收与加工】春、秋采收。将食用部位洗净，以盐水浸一昼夜，除去苦味后，再行炒食或煮食，也可用沸水烫熟后，切段蘸调味料食用。将花蕾连梗采下，切段腌制成泡菜，也可油炸后食用。

【资源开发与保护】全草入药，清热、解毒、消肿、止痛，治感冒、咽痛、乳腺炎、结膜炎、疮疖、尿路感染、白带、风湿关节炎。

野菜植物
毛连菜

Picris hieracioides L.
枪刀菜
菊科 Compositae 毛连菜属植物

【形态特征】二年生草本，高 30—80cm，植株有乳汁。根垂直直伸，粗壮。茎直立，上部分枝，具棱及钩状硬毛。叶矩圆状披针形至条状披针形，边缘具尖齿，基生叶花期枯萎，下部叶较长且较宽，基部渐狭成柄，中上部叶较小且较狭，无柄。头状花序多数，在茎顶排列成伞房状，花序梗较长，基部具条形苞叶；总苞筒状钟形，总苞片 3 层，条形或条状披针形，背面被硬毛，外层者较短，内层者较长；全为舌状花，花黄色。瘦果圆柱形，稍弯曲，红褐色，具横纹，无喙；冠毛 2 层，白色。花期 6—9 月，果期 7—10 月。

【分布与生境】秦岭南北坡均产；生于海拔 400—2400m 的田间路旁、山坡荒野或水沟旁。

【食用部位与营养成分】嫩叶可以作蔬菜食用。除含蛋白质、脂肪以及大量植物纤维素外，还有黄酮类化合物、生物碱、齐墩果酸等药用成分。

【采收与加工】春夏季采收嫩叶，洗净后，以盐水浸一昼夜，除去苦味后，再行炒食或煮食，也可用沸水烫熟后，切段蘸调味料食用。药用时，夏秋季采收，除去杂质，洗净泥土，晒干，切段备用。

【资源开发与保护】毛连菜全草入药，具有泻火解毒、祛瘀止痛、利小便的功效，主要用于治痈疮肿毒、跌打损伤、泄泻、小便不利。

Kalimeris mongolica (Franch.) Kitam.
北方马兰
菊科 Compositae 马兰属植物

野菜植物
蒙古马兰

183

【形态特征】多年生草本。茎直立，高 60—100cm，有沟纹，被向上的糙伏毛，上部分枝。叶纸质或近膜质，最下部叶花期枯萎，中部及下部叶倒披针形或狭矩圆形，长 5—9cm，宽 2—4cm，羽状中裂；裂片条状矩圆形，顶端钝，全缘；上部分枝上的叶条状披针形。头状花序单生于长短不等的分枝顶端，直径 2.5—3.5cm。总苞半球形；总苞片 3 层，覆瓦状排列，椭圆形至倒卵形，顶端钝，有白色或带紫红色的膜质缝缘，背面上部绿色。舌状花淡蓝紫色、淡蓝色或白色。管状花黄色。瘦

果倒卵形，黄褐色，有黄绿色边肋，扁或有时有三肋而果呈三棱形，边缘及表面疏生细短毛。冠毛淡红色，不等长，舌状花瘦果冠毛较短，管状花瘦果的冠毛长。花期 6—10 月，果期 7—11 月。

【分布与生境】秦岭南北坡均产；生于海拔 1300m 以下的低山草坡、灌丛、疏林下及路旁。

【食用部位与营养成分】嫩茎叶供蔬食。粗蛋白质和粗脂肪的含量中偏上，维生素 C 及灰分含量较高。

【采收与加工】开花前，采收嫩叶，洗净后，用沸水烫熟后，凉拌食用。花期过后，植株并不明显硬化，较长期间保持质地柔软，可以作饲用。

【资源开发与保护】蒙古马兰对各种家畜富有较好的适口性，可作饲料用。此外，其根及全草药用，具清热解毒、利湿、凉血止血之功效。

马兰

Kalimeris indica (L.) Sch. –Bip.

马兰头、田边菊、路边菊、鱼鳅串、蓑衣莲

菊科 Compositae 马兰属植物

【形态特征】多年生草本，高 30—130cm。茎直立，单生，全部茎枝无毛。基生叶及中下部茎叶箭头状心形或卵状，顶端急尖或渐尖，边缘有细锯齿，上部茎叶与基生叶及中下部茎叶同形或箭头状三角形或心形，有短叶柄。全部叶两面粗糙。头状花序在茎枝顶端排列狭窄或开展的圆锥花序，下垂、直立或下倾。总苞圆柱状；总苞片 3 层，全部总苞片紫红色，外面无毛。舌状小花紫红色，5 枚。瘦果长披针形，压扁，黑紫色，顶端截形，无喙，每面有 7 条高起的纵肋，有微糙毛，冠毛白色。花期 6—9 月，果期 6—10 月。

【分布与生境】秦岭南北坡均产；生于海拔 1800m 以下的低山草地、林缘、山谷、山沟、河两岸路旁草丛。

【食用部位与营养成分】嫩茎叶可食，含钙、磷、铁、钾、胡萝卜素、维生素 B、烟酸等。

【采收与加工】春夏季采嫩茎洗净，可炒食、凉拌或做汤，香味浓郁，营养丰富。药用时，夏秋季采全草，洗净鲜用或晒干用。

【资源开发与保护】马兰全草药用，有清热解毒、消食积、利小便、散瘀止血之效。

【形态特征】多年生草本，高 10—25cm。基生叶广心脏形或卵形，先端钝，边缘呈波状疏锯齿，锯齿先端往往带红色。基部心形成圆形，质较厚，上面平滑，暗绿色，下面密生白色毛；掌状网脉；近基部的叶脉和叶柄带红色，并有毛茸。花茎长 5—10cm，具毛茸，小叶 10 余片，互生，叶片长椭圆形至三角形。头状花序顶生；总苞片 1—2 层，苞片 20—30，质薄，呈椭圆形，具毛茸；舌状花在周围一轮，鲜黄色，单性，花冠先端凹，雌蕊 1，子房下位，花柱长，柱头 2 裂；筒状花两性，先端 5 裂，裂片披针状，雄蕊 5，花药连合，雌蕊 1，花柱细长，柱头球状。瘦果长椭圆形。花期 2—3 月。果期 4 月。

【分布与生境】常生于山谷湿地或林下。

【食用部位与营养成分】嫩茎叶、花苔可食用。叶含苦味苷、糊精、菊糖、苹果酸、转化糖、胆碱等。灰分中含锌甚多，达 3.26%。鲜根茎含挥发油、菊糖、鞣质。根含橡胶，鲍尔烯醇等。花含款冬二醇等甾醇类等。

【采收与加工】早春采集嫩茎叶、花苔。一定时间可采集花蕾及叶入药。

【资源开发与保护】花蕾及叶入药，性辛、甘、温，有止咳、润肺、化痰之功效。

野菜植物
中华小苦荬

Ixeridium chinense (Thunb.) Tzvel.
山苦荬、小苦麦菜、苦麻菜、黄鼠草、活血草、小苦荬
菊科 Compositae 小苦荬菜属植物

【形态特征】多年生草本，全草长 20—40cm。茎多数，基部簇状分枝。叶多皱缩，完整基生叶展平后线状披针形或倒披针形，长 7—18cm，宽 1—4cm，先端尖锐，基部下延成窄叶柄，边缘具疏小齿或不规则羽裂，有时全缘；茎生叶无叶柄。头状花序排列疏伞房状聚伞花序，未开放的总苞呈圆筒状，长 7—9mm，总苞片 2 层，外层极小，卵形，内层线状披针形，边缘薄膜质；瘦果狭披钳形，稍扁平，红棕色，具长喙，冠毛白色。花 1—10 月，果期 1—10 月。

【分布与生境】秦岭南北普遍分布；生于 500—1600m 间山坡荒野、田间路旁、河边灌丛。喜阳，耐寒，耐瘠薄。

【食用部位与营养成分】嫩根及叶可食用。含有较多的粗蛋白质和较少的粗纤维。赖氨酸、苏氨酸、缬氨酸及维生素 C 的含量较高。花可做茶。

【采收与加工】开花前，采集嫩根及叶，洗净，可凉拌、炒食。

【资源开发与保护】中华小苦荬全草入药，消积食、清热解毒、消肿排脓、凉血止血。用于治肠炎、痢疾疾、胆囊炎、盆腔炎、疮疖肿毒、吐血、血崩。还可以提制芳香油。

Ixeridium sonchifolium (Maxim.) Shih
抱茎苦荬菜、苦碟子、苦荬菜、秋苦荬菜、盘尔草、鸭子食
菊科 Compositae 小苦荬属

抱茎小苦荬菜

【形态特征】多年生草本。根垂直直伸，不分枝或分枝。根状茎极短。茎单生，直立，上部伞房花序状或伞房圆锥花序状分枝，全部茎枝无毛。基生叶莲座状，匙形、长倒披针形或长椭圆形；中下部茎叶长椭圆形、匙状椭圆形、倒披针形或披针形，羽状浅裂或半裂，向基部扩大，心形或耳状抱茎；上部茎叶及接花序分枝处的叶心状披针形，边缘全缘，顶端渐尖，向基部心形或圆耳状扩大抱茎。头状花序多数或少数，在茎枝顶端排成伞房花序或伞房圆锥花序，含舌状小花约 17 枚。总苞圆柱形；总苞片 3 层，外层及最外层短，卵形或长卵形，顶端急尖，内层长披针形，顶端急尖。舌状小花黄色。瘦果黑色，纺锤形，有 10 条高起的钝肋。冠毛白色，微糙毛状。花期 4—5 月，果期 5—6 月。

【分布与生境】秦岭南北普遍分布；生于海拔 400—2000m 的田野路旁、山坡草地、林下、河滩地、岩石上或庭院中。

【食用部位与营养成分】嫩茎叶可供蔬食，含有丰富的粗蛋白质、矿物质元素，同时含有种类齐全的氨基酸及丰富的维生素，还含有萜类、黄酮类、有机酸类、苯丙素类、甾醇类化合物等药用成分。

【采收与加工】开花前，采集嫩茎叶，洗净，可凉拌、炒食。药用时，于 5 月中下旬采收，采收后扎捆支在一起晾晒。

【资源开发与保护】中嫩茎叶可做鸡鸭饲料；全株可为猪饲料。全草入药，具清热解毒、排毒、止痛之功效。

野菜植物
苦荬菜

Ixeris polycephala Cass.
多头莴苣、多头苦荬菜
菊科 Compositae 苦荬菜属植物

【形态特征】一年生草本。根垂直直伸，生多数须根。茎直立，高10—80cm，基部直径2—4mm，上部伞房花序状分枝，或自基部多分枝或少分枝，分枝弯曲斜升。基生叶花期生存，线形或线状披针形，顶端急尖，基部渐狭成长或短柄；中下部茎叶披针形或线形，顶端急尖，基部箭头状半抱茎，向上或最上部的叶渐小，与中下部茎叶同形，基部箭头状半抱茎或长椭圆形，基部收窄，但不成箭头状半抱茎。头状花序多数，在茎枝顶端排成伞房状花序，花序梗细。总苞圆柱状，果期扩大成卵球形；总苞片3层，外层及最外层极小，卵形，顶端急尖，内层卵状披针形，顶端急尖或钝。舌状小花黄色，10—25枚。瘦果压扁，褐色。冠毛白色。花期3—5月，果期4—6月。

【分布与生境】秦岭南北均产；生于海拔700—1300m的田野路旁或山坡草地。

【食用部位与营养成分】嫩茎叶可作蔬菜食用。茎叶纤维少，含有丰富的粗蛋白质，矿物质含量丰富，氨基酸种类齐全，还富含维生素。

【采收与加工】开花前，采集嫩茎叶，洗净，可凉拌、炒食。

【资源开发与保护】苦荬菜全草入药，具清热解毒、去腐化脓、止血生机之功效；可治疗疮、无名肿毒、子宫出血等症。苦荬菜也是一种优良的牧草品种，具有高营养、高产量、适口性好等特点，是各种畜禽的良好青饲料。

野菜植物

苣荬菜

189

Sonchus arvensis Linn.

野苦菜、苦葛麻，苦荬菜、取麻菜、苣菜、曲麻菜

菊科 Compositae 苦苣菜属植物

【形态特征】多年生草本，全株有乳汁。茎直立，高 30~80cm。地下根状茎匍匐，多数须根著生。地上茎少分支，直立，平滑。多数叶互生，披针形或长圆状披针形。先端钝，基部耳状抱茎，边缘有疏缺刻或浅裂，缺刻及裂片都具尖齿；基生叶具短柄，茎生叶无柄。头状花序顶生，单一或呈伞房状，直径 2~4cm，总苞钟形；花全为舌状花，鲜黄色；雄蕊 5 枚，花药合生；雌蕊 1，子房下位，花柱纤细，柱头 2 裂，花柱与柱头都有白色腺毛。瘦果，有棱，侧扁，具纵肋，先端具多层白色冠毛。冠毛细软。花期 5—8 月，果期 8—9 月。

【分布与生境】生长于海拔 1500—2300m 的山坡、路边、田野。

【食用部位与营养成分】嫩茎叶作蔬食，含蛋白质、脂肪、氨基酸及铁、铜、镁、锌、钙、锰等多种矿物质元素，富含维生素。营养价值高于常见蔬菜。

【采收与加工】采集嫩茎叶，洗净后，用沸水焯后，可凉拌、做汤、蘸酱生食、炒食或做饺子包子馅，或加工酸菜或制成消暑饮料，味道独特，苦中有甜，甜中有香。

【资源开发与保护】苣荬菜全草入药，具有清热解毒、凉血利湿、消肿排脓、祛瘀止痛、补虚止咳的功效。对预防和治疗贫血病、维持人体正常生理活动，促进生长发育和消暑保健有较好的作用。苣荬菜菜水煎浓缩乙醇提取液，对急性淋巴细胞性白血病、急性及慢性粒细胞白血病都有抑制作用。

蓟

Cirsium japonicum Fisch. ex DC.
番红花、地蜈蚣、大刺儿菜、大刺盖、老虎脷蓟、山萝卜
菊科 Compositae 蓟属植物

【形态特征】多年生草本，块根纺锤状或萝卜状。茎直立，30—80cm，呈圆柱形，基部直径可达1.2cm；表面绿褐色或棕褐色，有数条纵棱，被丝状毛；断面灰白色，髓部疏松或中空。叶长8—20cm，宽2.5—8cm，皱缩，多破碎，完整叶片展平后呈倒披针形或倒卵状椭圆形，羽状深裂，边缘具不等长的针刺；上表面灰绿色或黄棕色，下表面色较浅，两面均具灰白色丝状毛。头状花序顶生，球形或椭圆形，总苞钟状，黄褐色，总苞片约6层，复瓦状排列。瘦果压扁，偏斜楔状倒披针状，小花红色或紫色。冠毛浅褐色，多层，长羽毛状，基部联合成环，整体脱落。花期5—6月，果期6—7月。

【分布与生境】秦岭南北坡均有分布；生于海拔400—1500m山坡林中、林缘、灌丛中、草地、荒地、田间、路旁或溪旁。

【食用部位与营养成分】嫩茎叶和根可作野菜食用。

【采收与加工】春夏季采幼嫩的茎叶，洗净，用沸水焯后，可凉拌、炒食或做汤。药用时，以采收肉质根为主，在9—10月将二、三年生的肉质根挖起，除去泥土后晒干或烘干。

【资源开发与保护】根、叶供药用，可治热性出血；叶可治腹脏瘀血；外用治恶疮、疥疮。

野菜植物

Cirsium setosum (Willd.) MB.

小蓟、红花苗、刺蓟菜、大小蓟、野红花、大刺儿菜

菊科 Compositae 蓟属植物

刺儿菜

191

【形态特征】多年生草本。茎直立，高 30—80cm。基生叶和中部茎叶椭圆形、长椭圆形或椭圆状倒披针形，顶端钝或圆形，基部楔形，上部茎叶渐小，椭圆形或披针形或线状披针形，或全部茎叶不分裂，叶缘有细密的针刺，针刺紧贴叶缘。或叶缘有刺齿，齿顶针刺大小不等，针刺长达 3.5mm，或大部茎叶羽状浅裂或半裂或边缘粗大圆锯齿，裂片或锯齿斜三角形，顶端钝，齿顶及裂片顶端有较长的针刺，齿缘及裂片边缘的针刺较短且贴伏。雌株与两性株异株；头状花序单生茎端，或植株含少数或多数头状花序在茎枝顶端排成伞房花序。总苞卵形、长卵形或卵圆形。总苞片约 6 层，覆瓦状排列，向内层渐长。小花紫红色或白色，雌花花冠长 2.4cm，檐部长 6mm，细管部细丝状，长 1.8mm，两性花花冠长 1.8cm，檐部长 6mm，细管部细丝状，长 1.2mm。瘦果淡黄色，椭圆形或偏斜椭圆形，压扁。冠毛污白色，多层，整体脱落。花期 5—6 月，果期 7—8 月。

【分布与生境】秦岭南北坡均有分布；生于海拔 500—1800m 山坡林中、林缘、灌丛中、草地、荒地、田间、路旁或溪旁。

【食用部位与营养成分】嫩茎叶可作野菜食用。含蛋白质、脂肪、糖类、钙、磷、铁、胡萝卜素、维生素 B_2、维生素 C 等。

【采收与加工】春夏季采幼嫩的茎叶，洗净，用沸水焯后，可凉拌、炒食或做汤。药用时，5—6 月割取全草晒干或鲜用。

【资源开发与保护】全草药用，具凉血止血、祛瘀消肿之功效，用于衄血、吐血、尿血、便血、崩漏下血、外伤出血、痈肿疮毒。刺儿菜是农田、果园的常见杂草，有时数量多，危害较重。

野菜植物

和尚菜

Adenocaulon himalaicum Edgew.
腺梗菜
菊科 Compositae 和尚菜属植物

【形态特征】多年生草本，高30—90cm。茎直立，通常中部以上分枝，被蛛丝状绒毛。下部茎生叶肾形或圆肾形，长4—7cm，宽6—10cm，先端急尖或钝，基部心形，边缘有不等形的波状大牙齿，上面沿脉被尘状柔毛，下面密被蛛丝状毛，基出脉3条，叶柄长5—16cm，有翼；中部茎生叶三角状圆形，较大，向上渐小。头状花序排列成狭或宽大的圆锥状花序，花梗短，被白色绒毛，花后伸长，长2—6cm；总苞半球形，宽卵形，全缘，果期向外反曲；雌花白色；两性花淡白色。瘦果棍棒状，被多数头状具柄的腺毛。花期6—8月，果期9—11月。

【分布与生境】秦岭南北坡均产；生于海拔1000—2000m山坡林下和山谷阴湿处。

【食用部位与营养成分】嫩茎叶可作野菜食用。含蛋白质、脂肪、糖类、钙、磷、铁、胡萝卜素、维生素等。

【采收与加工】春夏季采幼嫩的茎叶，洗净，用沸水焯后，可凉拌、炒食或做汤。

【资源开发与保护】全草入药，具有止咳平喘、活血行瘀、利水消肿的功效。主治寒邪壅肺之咳嗽、气喘、痰多等及跌打损伤、产后腹痛、水肿。

【形态特征】二年生或多年生草本，高40—150cm。茎直立，有条棱。下部茎叶全形椭圆形、长椭圆形或倒披针形，羽状深裂或半裂，侧裂片 7—12 对，偏斜半椭圆形、半长椭圆形、三角形或卵状三角形，边缘有大小不等的三角形或偏斜三角形刺齿，齿顶及齿缘或浅褐色或淡黄色的针刺，齿顶针刺较长，齿缘针刺较短，或下部茎叶不为羽状分裂，边缘大锯齿或重锯齿；中部茎叶与下部茎叶同形并等样分裂，但渐小，最上部茎叶线状倒披针形或宽线形；全部茎叶两面明显异色，两侧沿茎下延成茎翼。茎翼边缘齿裂，齿顶及齿缘有黄白色或浅褐色的针刺，上部或接头状花序下部的茎翼常为针刺状。头状花序花序梗极短，通常 3—5 个集生于分枝顶端或茎端，或头状花序单生分枝顶端，形成不明显的伞房花序。总苞卵圆形，总苞片多层，覆瓦状排列。小花红色或紫色，5 深裂，裂片线形。瘦果稍压扁，楔状椭圆形。冠毛多层，白色或污白色，不等长，基部连合成环，整体脱落。花期 6—8 月，果期 9—11 月。

【分布与生境】秦岭南北坡均产；生于海拔 960—2200m 山坡草地、田间、荒地河旁及林下。

【食用部位与营养成分】嫩茎叶可作野菜食用。含蛋白质、脂肪、糖类、钙、磷、铁、胡萝卜素、维生素等。

【采收与加工】春夏季采幼嫩的茎叶，洗净后，用沸水焯后，可凉拌、炒食或做汤。

【资源开发与保护】全草入药，具有散瘀止血、清热利湿的功效。丝毛飞廉也是优良的蜜源植物。

野菜植物
白莲蒿

Artemisia sacrorum Ledeb.
铁杆蒿、万年蒿、白蒿、香蒿
菊科 Compositae 蒿属植物

【形态特征】半灌木状草本。根稍粗大，木质，垂直；根状茎粗壮，直径可达 3cm，常有多数、木质、直立或斜上长的营养枝。茎多数，常组成小丛，高 50—100cm，褐色或灰褐色，具纵棱，下部木质，皮常剥裂或脱落，分枝多而长。茎下部与中部叶长卵形、三角状卵形或长椭圆状卵形，二至三回栉齿状羽状分裂，第一回全裂，每侧有裂片 3—5 枚，裂片椭圆形或长椭圆形，每裂片再次羽状全裂，小裂片栉齿状披针形或线状披针形，每侧具数枚细小三角形的栉齿或小裂片短小成栉齿状，叶中轴两侧具 4—7 枚栉齿。头状花序近球形，下垂，具短梗或近无梗，在分枝上排成穗状花序式的总状花序，并在茎上组成密集或略开展的圆锥花序；总苞片 3—4 层；雌花 10—12 朵；两性花 20—40 朵，花冠管状。瘦果狭椭圆状卵形或狭圆锥形。花果期 8—9 月，果期 9—10 月。

【分布与生境】秦岭南北坡均分布；生于中、低海拔地区的山坡、路旁、灌丛地及森林草原地区。

【食用部位与营养成分】嫩叶作为蔬食。蛋白质、脂肪含量较高，纤维素含量较少，还含有多糖、微量元素及维生素、胡萝卜素。

【采收与加工】春夏季采幼嫩的茎叶，洗净，用沸水焯后，可凉拌、炒食或做汤。

【资源开发与保护】白莲蒿也可作牲畜饲料，羊、骆驼喜食，其次是马，牛多不采食。全草入药，具清热、解毒、祛风、利湿之效，可作"茵陈"代用品，又作止血药。

野菜植物

Artemisia capillaris Thunb.
因尘、茵陈、绵茵陈、绒蒿、白茵陈、安吕草
菊科 Compositae 蒿属植物

茵陈蒿

195

【形态特征】半灌木状草本，植株有浓烈的香气。主根明显木质，垂直或斜向下伸长；茎单生或少数，高 40—120cm 或更长，红褐色或褐色，有不明显的纵棱，基部木质；茎、枝初时密生灰白色或灰黄色绢质柔毛，后渐稀疏或脱落无毛。营养枝端有密集叶丛，基生叶密集着生，常成莲座状；叶卵圆形或卵状椭圆形，二回羽状全裂，每侧有裂片 2 枚，每裂片再 3—5 全裂，小裂片狭线形或狭线状披针形，通常细直，不弧曲，花期上述叶均萎谢；头状花序卵球形，多数，有短梗及线形的小苞叶，在分枝的上端或小枝端偏向外侧生长，常排成复总状花序，并在茎上端组成大型、开展的圆锥花序；总苞片 3—4 层；花序托小，凸起；雌花 6—10 朵，花柱细长，伸出花冠外；两性花 3—7 朵，不孕育，花冠管状，花药线形，退化子房极小。瘦果长圆形或长卵形。花期 7—9 月，果期 8—10 月。

【分布与生境】秦岭南北坡均分布；生于低海拔地区河岸、海岸附近的湿润沙地、路旁及低山坡地区。

【食用部位与营养成分】幼嫩枝、叶可作菜蔬或酿制茵陈酒。富含蛋白质、脂肪，钙、磷、铁等矿物质元素，胡萝卜素、维生素 B、维生素 C 等维生素，香豆精、咖啡酸、叶酸和各种挥发油。

【采收与加工】早春二、三月采集基生叶或幼苗，或去黄叶和根后，用水浸泡一段时间后，可制作麦饭、煮粥、烙饼、凉拌等。

【资源开发与保护】嫩苗与幼叶入药，称茵陈，有利胆护肝功能，还有解热、抗炎、降血脂、降压、扩冠等作用。

野菜植物

金盏银盘

Bidens biternata (Lour.) Merr. et Sherff
鬼叉、鬼针、鬼刺、夜叉头
菊科 Compositae 鬼针草属

【形态特征】一年生草本。茎直立，高 30—150cm，略具四棱。叶为一回羽状复叶，顶生小叶卵形至长圆状卵形或卵状披针形，先端渐尖，基部楔形，边缘具稍密且近于均匀的锯齿，有时一侧深裂为一小裂片，两面均被柔毛，侧生小叶 1—2 对，卵形或卵状长圆形，近顶部的一对稍小，通常不分裂，基部下延，无柄或具短柄，下部的一对约与顶生小叶相等，具明显的柄，三出复叶状分裂或仅一侧具一裂片，裂片椭圆形，边缘有锯齿。头状花序直径 7—10mm。总苞基部有短柔毛，外层苞片 8—10 枚，草质，条形，内层苞片长椭圆形或长圆状披针形，长 5—6mm，背面褐色，有深色纵条纹，被短柔毛。舌状花通常 3—5 朵，不育，舌片淡黄色，长椭圆形，先端 3 齿裂，或有时无舌状花；盘花筒状，冠檐 5 齿裂。瘦果条形，黑色，具四棱，两端稍狭，多少被小刚毛，顶端芒刺 3—4 枚具倒刺毛。花期 7—9 月，果期 9—10 月。

【分布与生境】秦岭南北坡均有分布；生于海拔 800—1300m 山坡路旁。

【食用部位与营养成分】幼嫩枝叶可作菜蔬食用。全草含蒽醌及挥发油。

【采收与加工】春夏季采集幼嫩茎叶，用水浸泡或沸水焯后，可凉拌或炒食。

【资源开发与保护】金盏银盘幼嫩枝、叶可作牲畜饲料。全草药用，有清热解毒、散瘀活血的功效，主治上呼吸道感染、咽喉肿痛、急性阑尾炎、急性黄疸型肝炎、胃肠炎、风湿关节疼痛、疟疾，外用治疮疖、毒蛇咬伤、跌打肿痛。

Ligularia intermedia Nakai
狭苞橐吾
菊科 Compositae 橐吾属植物

野菜植物
狭苞橐吾

197

【形态特征】多年生草本。茎高 40—80cm，上部被蛛丝状毛。基生叶有长柄，叶片肾状心形或心形，边缘有细锯齿，有掌状叶脉，两面无毛；茎生叶渐小，有渐短而下部鞘状抱茎的短柄；上部叶渐转变为披针形或条形的苞叶。花序总状；头状花序极多数，花开后下垂，有短梗及条形苞叶；总苞圆柱形；总苞片约 8 个；舌状花 4—6 个，舌片黄色，矩圆形；筒状花 7—12 个。瘦果圆柱形，有纵沟；冠毛污褐色。花期 7—9 月，果期 9—10 月。

【分布与生境】秦岭南北坡均分布，生于海拔 1500—2300m 山坡、林下、水边。

【食用部位与营养成分】幼嫩枝叶可作菜蔬食用。全草含倍半萜、谷甾醇和胡萝卜苷等。

【采收与加工】春夏季采集幼嫩茎叶，用水浸泡或沸水焯后，可凉拌或炒食。

【资源开发与保护】根及根状茎药用，具润肺化痰、止咳、平喘之功效。

野菜植物
接骨草

Sambucus chinensis Lindl.
蒴藋、陆英、接骨丹
五福花科 Adoxaceae 接骨木属植物

【形态特征】高大草本或半灌木，高 1—2m；茎有棱条，髓部白色。羽状复叶的托叶叶状或有时退化成蓝色的腺体；小叶 2—3 对，互生或对生，狭卵形，先端长渐尖，基部钝圆，两侧不等，边缘具细锯齿，近基部或中部以下边缘常有 1 或数枚腺齿；顶生小叶卵形或倒卵形，基部楔形，有时与第一对小叶相连，小叶无托叶，基部一对小叶有时有短柄。复伞形花序顶生，大而疏散，总花梗基部托以叶状总苞片，分枝 3—5 出，纤细，被黄色疏柔毛；杯形不孕性花不脱落，可孕性花小；萼筒杯状，萼齿三角形；花冠白色，仅基部联合，花药黄色或紫色；子房 3 室，花柱极短或几无，柱头 3 裂。果实红色，近圆形，卵形，表面有小疣状突起。花期 4—5 月，果期 7—10 月。

【分布与生境】秦岭南北坡普遍分布；生于海拔 800—2000m 山坡、林下、沟边和草丛中。适应性较强，对气候要求不严；喜向阳，但又能稍耐阴。以肥沃、疏松的土壤栽培为好。

【食用部位与营养成分】接骨草嫩叶可食用，含蛋白质、脂肪、粗纤维、钙、磷、铁、胡萝卜素、维生素等。

【采收与加工】采集嫩叶，洗净后，可生炒，也可炖肉。

【资源开发与保护】接骨草的根、茎、叶、花及果实均可入药。根或全草有祛风除湿、活血散瘀之功效。治风湿疼痛、肾炎水肿、脚气浮肿、痢疾、黄疸、慢性气管炎、风疹瘙痒、丹毒、疮肿、跌打损伤、骨折。花入药称"陆英"，主治骨间诸痹、膝寒痛、阴痿、短气不足、脚肿等。

Aralia chinensis L.

仙人杖、鹊不踏、黄龙苞、鸟不宿、刺桐、飞天蜈蚣
五加科 Araliaceae 楤木属

楤木

【形态特征】灌木或乔木；小枝通常淡灰棕色，有黄棕色绒毛，疏生细刺。叶为二回或三回羽状复叶；叶柄粗壮；羽片有小叶 5—11，基部有小叶 1 对；小叶片纸质至薄革质，侧脉 7—10 对。圆锥花序大，长 30—60cm；密生淡黄棕色或灰色短柔毛；伞形花序有花多数；总花梗长 1—4cm，密生短柔毛；苞片锥形，膜质；花白色，芳香，萼无毛，边缘有 5 个三角形小齿；花瓣 5，卵状三角形；雄蕊 5；子房 5 室；花柱 5，离生或基部合生。果实球形，黑色，有 5 棱。花期 7—8 月，果期 9—10 月。

【分布与生境】秦岭南北坡均有分布，多生于 700—1200m 沟谷、阴坡、半阴坡的杂树林、阔叶林、阔叶混交林或次生林中。

【食用部位与营养成分】嫩芽为著名的野菜，富含胡萝卜素、维生素 B、维生素 C、谷氨酸等 8 种氨基酸以及人体必需的微量元素，如镁、锰、锌等，还含有三萜皂苷、鞣质、原儿茶酸、生物碱及挥发油等。

【采收与加工】春季采摘楤木嫩芽，经焯水、浸泡后，可拌、炝、腌、炒、炸、炖、做汤、制粥等均可。

【资源开发与保护】楤木为常用中草药，有镇痛消炎、祛风行气、祛湿活血之效，根皮治胃炎、肾炎及风湿疼痛，亦可外敷刀伤。

野菜植物
峨参

Anthriscus sylvestris (L.) Hoffm. Gen.
山胡萝卜缨子、见肿消
伞形科 Umbelliferae 峨参属植物

【形态特征】二年生或多年生草本。茎较粗壮，高 0.6—1.5m，多分枝。基生叶有长柄，柄长 5—20cm，基部有长约 4cm，宽约 1cm 的鞘；叶片轮廓呈卵形，2 回羽状分裂，长 10—30cm，一回羽片有长柄，卵形至宽卵形，有 2 回羽片 3—4 对，2 回羽片有短柄，轮廓卵状披针形，羽状全裂或深裂，末回裂片卵形或椭圆状卵形，有粗锯齿。背面疏生柔毛；茎上部叶有短柄或无柄，基部呈鞘状，有时边缘有毛。复伞形花序直径 2.5—8cm，伞辐 4—15，不等长；小总苞片 5—8，卵形至披针形，顶端尖锐，反折；花白色，通常带绿或黄色；花柱较花柱基长 2 倍。果实长卵形至线状长圆形，光滑或疏生小瘤点，顶端渐狭成喙状，合生面明显收缩，果柄顶端常有一环白色小刚毛，分生果横剖面近圆形，油管不明显。花期 4—5 月，果期 6—7 月。

【分布与生境】秦岭南北坡均有分布，多生于 1000—2300m 山坡林下或山谷溪边石缝中。

【食用部位与营养成分】幼苗可作野菜食用。富含胡萝卜素、维生素 B、维生素 C 等，还含有黄酮及挥发油等。

【采收与加工】春季采摘嫩茎叶，经焯水、浸泡后，可拌、炝、腌、炒、炸、炖，做汤、制粥均可。

【资源开发与保护】峨参根入药，为滋补强壮剂，治脾虚食胀、肺虚咳喘、水肿等。

【形态特征】多年生草本，高 15—80cm，茎直立或基部匍匐。基生叶有柄，柄长达 10cm，基部有叶鞘；叶片轮廓三角形，1—2 回羽状分裂，末回裂片卵形至菱状披针形，边缘有牙齿或圆齿状锯齿；茎上部叶无柄，裂片和基生叶的裂片相似，较小。复伞形花序顶生，花序梗长 2—16cm；无总苞；伞辐 6—16，不等长，直立和展开；小总苞片 2—8，线形；小伞形花序有花 20 余朵，萼齿线状披针形，长与花柱基相等；花瓣白色，倒卵形，有一长而内折的小舌片；花柱基圆锥形，花柱直立或两侧分开，长 2mm。果实近于四角状椭圆形或筒状长圆形，侧棱较背棱和中棱隆起，木栓质，分生果横剖面近于五边状的半圆形；每棱槽内油管 1，合生面油管 2。花期 6—7 月，果期 8—9 月。

【分布与生境】秦岭南北坡均有分布，生于海拔 460—1600m 山谷或平原浅水中或池沼、水沟旁。

【食用部位与营养成分】茎叶为可作野菜食用。每 100g 可食部分含蛋白质 1.8g、脂肪 0.24g、糖类 1.6g、粗纤维 1.0g、钙 160mg、磷 61mg、铁 8.5mg。维生素和矿物质元素含量较高，还含有芦丁、水芹素和槲皮素等。

【采收与加工】春季采摘茎叶，可生拌或炒食。质鲜嫩，清香爽口。

【资源开发与保护】全草民间也作药用，有降低血压的功效。

202

野菜植物
鸭儿芹

Cryptotaenia japonica Hassk.
鸭脚板、水蒲莲
伞形科 Umbelliferae 鸭儿芹属植物

【形态特征】多年生草本，高 20—100cm。主根短，侧根多数，细长。茎直立，光滑，有分枝。表面有时略带淡紫色。基生叶或上部叶有柄，叶鞘边缘膜质；叶片轮廓三角形至广卵形，通常为 3 小叶；中间小叶片呈菱状倒卵形或心形，顶端短尖，基部楔形；两侧小叶片斜倒卵形至长卵形，近无柄，所有的小叶片边缘有不规则的尖锐重锯齿。复伞形花序呈圆锥状，花序梗不等长，总苞片 1，呈线形或钻形；伞辐 2—3，不等长。小伞形花序有花 2—4；花柄极不等长；萼齿细小，呈三角形；花瓣白色，倒卵形，顶端有内折的小舌片；花丝短于花瓣；花柱基圆锥形，花柱短，直立。分生果线状长圆形，每棱槽内有油管 1—3，合生面油管 4。花期 4—5 月，果期 6—10 月。

【分布与生境】秦岭南北坡普遍分布，生于海拔 600—3000m 山地、山沟及林下较阴湿的地区。

【食用部位与营养成分】幼苗及嫩茎叶为可作蔬菜食用。每 100g 嫩苗及嫩茎叶的鲜品中含蛋白质 1.1g、脂肪 2.6g、维生素 A100 国际单位、维生素 $B_1$0.04mg、维生素 $B_2$0.02mg、维生素 C9mg、钙 44mg、磷 38mg、铁 0.8g。维生素含量较高，铁的含量极高。还含有挥发油等。

【采收与加工】春季采摘茎叶，可生拌或炒食。具有特殊的芳香味，翠绿，纯真，营养丰富。

【资源开发与保护】全草入药，治虚弱、尿闭及肿毒等，民间有用全草捣烂外敷治蛇咬伤。种子含油约 22%，可用于制肥皂和油漆。

淀粉植物

　　淀粉和糖类是人类生活和工业上的重要物质，它们在国民经济上的需用量很大。而富含淀粉的植物（淀粉植物）是人类获取淀粉和糖类的主要来源，在化工、轻工、医药以及饲料等方面发挥着重要的作用。许多淀粉植物早已大量栽培，已为主要农产品和工业原料。但还有许多野生的淀粉植物尚未充分利用，有待于大力开发。随着生物质能源产业的发展，以淀粉植物为原料的燃料乙醇产业迅速发展，开发和发掘用于能源产生的淀粉植物应引起足够的重视。

　　淀粉含量较多的野生植物以壳斗科、禾本科、蓼科、百合科、天南星科、旋花科等的种类较多。其次是豆科、防己科、睡莲科、桔梗科、菱科、檀香科、银杏科等，这些科含淀粉的种类虽然比较少，但其中不少种类的淀粉含量却较多。含糖类的野生植物则多属于蔷薇科、葡萄科、芸香科、猕猴桃科、桃金娘科、鼠李科、柿科、胡颓子科、杜鹃科、桑科、无患子科、菊科等。这些植物和一般野生植物原料的共同特点是：分散、零星、品种繁多、采收季节性强等。因此，在采收、保管和加工利用方面，必须适应生产季节和各品种的特性。

　　淀粉和糖是植物体内贮藏的糖类。各种植物的含淀粉和糖的部位不同，主要为果实、种子以及根、块根、鳞茎或根状茎，如葛藤、天南星、百合和桔梗等。还有少数是在皮层（如榆树等）。至于植物体的含糖部分，多数为果实，尤其是浆果类，如蔷薇科、葡萄科、猕猴桃科、柿科及胡颓子科的若干种类。野生果实一般在夏秋季成熟，如猕猴桃、悬钩子、山桃和马桑等，也有在春末夏初成熟的，如桑椹、樱桃、梅、李等。在热带和亚热带地区几乎一年四季都有各种不同的果类陆续成熟。因其一般含水分较大，果皮又薄，完全成熟后易腐烂和霉坏，而未成熟的果实含糖量不高，故必须适时采收。采收种子，一般应按其不同成熟季节分别进行，但必须注意完全成熟后才可采收，否则就会影响出粉率。同时还要注意防止过于成熟，以免脱落于草木丛中，造成未收的困难。根状茎或根的采收期一般可以较长，但最好在当年秋末落叶后至次年初春发芽前进行，因为过早则淀粉含量不高，过迟则淀粉又转化为糖分而转移到植物体的其他器官。由于采收季节的不同，淀粉的含有率差别很大。因此，应依据种类不同适时采收。

　　淀粉是由很多缩水葡萄糖单位结合而成的多糖，一般由直链淀粉和支链淀粉两部分组成，但含量则因种类不同而不相同。例如玉米淀粉中直链淀粉含量为27%、马铃薯则为23%，其余部分为支链淀粉。因直链淀粉和支链淀粉的性质不同，其含量的多寡，会影响到淀粉的性质和用途。纯的淀粉质地细腻、洁白，具有光泽的颗粒，在显微镜下观察，各种植物淀粉粒的大小和形状各不相同，最大的直径可达 100μm，而的只有 5μm。形态则有球形、扁球形、卵形、多角形或不规则形等。有的淀粉粒具有明显的脐点和轮纹，有些植物淀粉粒的轮纹并不明显。

淀粉的用途很广，除供食用外，工业上也有很多用途，如食品、造纸、纺织、发酵、医药、铸造、冶金等。淀粉又是重要的工业原料之一，经加工可制成多种产品，用途都很大，较为重要的有糖浆、淀粉糖、葡萄糖、糊精、胶黏剂等。

淀粉是人类的主要食品、热能的来源。每天吃的饭食，主要成分是淀粉。许多无毒的野生植物的淀粉也可供作食用。由淀粉制造的食品如粉丝、粉皮等；其他许多食品的制造中还掺用淀粉作为增稠剂、胶体生成剂、保潮剂、乳化剂、胶黏剂等。

造纸工业使用大量淀粉为胶料以增加纸张的强度，改善纸张的性质。制造纸板、纸袋等也使用大量淀粉和淀粉制品为胶黏剂。

棉、麻、毛、人造丝等纺织工业，每年使用大量淀粉和淀粉制品作浆料，增高纱的强度，织布完成后，再经脱浆手续，将浆料除掉，进行漂白和染色。印染泥中也含有淀粉。若干织物完成后再经上浆一次，以改善外观，改变性质。

淀粉和含淀粉的植物为发酵工业的主要原料，可以制造各种含酒饮料、酒精和其他有机物，如丙酮、丁醇、乳酸、柠檬酸、葡萄糖酸、甘油、味精等。若干野生植物，如橡子、金刚头等的淀粉均已大量被利用为酿酒的原料。

医药工业使用质量高的淀粉，供配制片剂、丸剂和粉剂药品用。铸造工业使用淀粉为砂心胶黏剂。冶金工业的浮选矿沙使用淀粉为矿砂的沉淀剂。石油工业钻井中使用淀粉，增高钻泥的蓄水性。化妆品工业、陶瓷工业、干电池制造业、炸药制造业等也都使用淀粉。

以含有淀粉的野生植物可利用为制造淀粉的原料。若是子实，如橡子，则须先去壳，然后磨碎；是纤维质的根状茎，则须切断，然后破碎。制造淀粉是利用淀粉不洛解于冷水，并比水重的性质。用水将原料中的淀粉洗出，过筛除去渣，将所得淀粉乳置于缸或槽中沉淀，淀粉便沉于底下，将上面的水除掉，即得粗制淀粉。若欲精制，可用清水加入淀粉缸中，搅拌成淀粉乳，再行沉淀，放出上面的水。如此处理可除去原淀粉中一部分水溶杂质，提高淀粉的质量。必要时可重复此过程二或三次，将所得湿淀粉脱水并使之干燥后即得成品。土法制造，可用布袋脱水，用日光晒干。如用新式设备进行加工，淀粉的产量和质量都能提高。

【形态特征】多年水生草本；根状茎短粗。叶纸质，心状卵形或卵状椭圆形，基部具深弯缺，约占叶片全长的 1/3，裂片急尖，稍开展或几重合，全缘，上面光亮，下面带红色或紫色；花梗细长；花萼基部四棱形，萼片革质，宽披针形或窄卵形，宿存；花瓣白色，宽披针形、长圆形或倒卵形，内轮不变成雄蕊；雄蕊比花瓣短，花药条形；柱头具 5—8 辐射线。浆果球形，为宿存萼片包裹；种子椭圆形，黑色。花期 6—8 月，果期 8—10 月。

【分布与生境】秦岭各地均有栽培。多栽植于池塘、湖泊和路边水沟中。

【利用部位与用途】根状茎淀粉含量 53%，可供食用或酿酒。

【采收与加工】春夏季皆可采收。

【资源开发与保护】全草可作绿肥。

磨芋

淀粉植物

Amorphophallus rivieri Durieu
蒟蒻、魔芋
天南星科 Araceae 磨芋属植物

【形态特征】多年生水生草本，块茎扁球形，直径 7.5—25cm，顶部中央多少下凹，暗红褐色；颈部周围生多数肉质根及纤维状须根。叶片绿色，3 裂，I 次裂片具长 50cm 的柄，二歧分裂，II 次裂片二回羽状分裂或二回二歧分裂，小裂片互生，大小不等，基部的较小，向上渐大，长圆状椭圆形，骤狭渐尖，基部宽楔形，外侧下延成翅状；侧脉多数，纤细，平行，近边缘联结为集合脉。佛焰苞漏斗形，基部席卷，苍绿色，杂以暗绿色斑块，边缘紫红色；檐部长 15—20cm，宽约 15cm，心状圆形，锐尖，边缘折波状，外面变绿色，内面深紫色。肉穗花序比佛焰苞长 1 倍，雌花序圆柱形，紫色；雄花序紧接（有时杂以少数两性花），附属器伸长的圆锥形，中空，明显具小薄片或具棱状长圆形的不育花遗垫，深紫色。子房苍绿色或紫红色，2 室，胚珠极短，无柄，花柱与子房近等长，柱头边缘 3 裂。浆果球形或扁球形，成熟时黄绿色。花期 4—6 月，果 8—9 月成熟。

【分布与生境】秦岭南北坡均有栽培。常栽培于房前屋后、田边地角，有的地方与玉米混种。

【利用部位与用途】块茎富含淀粉 35%，蛋白质 3%，块茎淀粉可做凉粉、豆腐；块茎还含有胶质，可制纸浆纱或用于建筑涂料。

【采收与加工】块茎 9—10 月采挖，除去须根，洗去泥土，放置阴凉处风干后备用。

【资源开发与保护】块茎入药能解毒消肿，灸后健胃，消饱胀。磨芋全株有毒，以块茎为最，中毒后舌和喉灼热、痒痛、肿大。民间用醋加姜汁少许，内服或含漱，可解。

【形态特征】多年生水生草本，通常成丛生长。根茎横走或斜向生长，节生须根多数。叶基生，无柄，先端渐尖，基部扩大成鞘状，鞘缘膜质。花葶圆柱形，长约 70cm；花序基部 3 枚苞片卵形，先端渐尖；花被片 6，外轮较小，萼片状，绿色而稍带红色，内轮较大，花瓣状，粉红色；雄蕊花丝扁平，基部较宽；雌蕊柱头纵折状向外弯曲。蓇葖果成熟时沿腹缝线开裂，顶端具长喙。种子多数，细小。花果期 7—9 月。

【分布与生境】秦岭北坡渭河流域有分布，常生于河岸、池沼浅水处。

【利用部位与用途】根状茎含淀粉 46%，淀粉可食用或用于酿酒。

【采收与加工】秋季取根状茎，去掉须根，洗去泥土备用。茎、叶可同时采收，晒干造纸、编织。

【资源开发与保护】花蔺茎叶含纤维，晒干可供造纸、编织用。

穿龙薯蓣

淀粉植物

Dioscorea nipponica Makino
穿山龙
薯蓣科 Dioscoreaceae 薯蓣属植物

【形态特征】缠绕草质藤本。根状茎横生，圆柱形，多分枝，栓皮层显著剥离。茎左旋。单叶互生，叶片掌状心形，变化较大，边缘作不等大的三角状浅裂、中裂或深裂，顶端叶片小，近于全缘，叶表面黄绿色，有光泽。花雌雄异株。雄花序为腋生的穗状花序，花序基部常由 2—4 朵集成小伞状，至花序顶端常为单花；苞片披针形，顶端渐尖，短于花被；花被碟形，6 裂，裂片顶端钝圆；雄蕊 6 枚，着生于花被裂片的中央，药内向。雌花序穗状，单生；雌花具有退化雄蕊，有时雄蕊退化仅留有花丝；雌蕊柱头 3 裂，裂片再 2 裂。蒴果成熟后枯黄色，三棱形，顶端凹入，基部近圆形，每棱翅状，大小不一；种子每室 2 枚，有时仅 1 枚发育，着生于中轴基部，四周有不等的薄膜状翅，上方呈长方形，长约是宽的 2 倍。花期 6—8 月，果期 8—10 月。

【分布与生境】秦岭南北坡低山区普遍分布。生长海拔 400—1700m 间的山坡灌木丛中。喜肥沃、疏松、湿润、腐殖质较深厚的黄砾壤土和黑砾壤土。

【利用部位与用途】根状茎富含淀粉，含量达 41%，可供酿造用。

【采收与加工】4—5 月及 9—10 月间为采集期，挖出后取下根状茎，去掉泥土及杂质，晒干，即可利用。以草、筐篓或麻袋包装均可，放在通风干燥处保管。

【资源开发与保护】穿龙薯蓣根状茎含薯蓣皂苷元是合成甾体激素药物的重要原料；民间用来治腰腿疼痛、筋骨麻木、跌打损伤、咳嗽喘息。

Smilax riparia A. DC

草菝葜、白须公、软叶菝葜

菝葜科 Smilacaceae 菝葜属植物

牛尾菜

【形态特征】多年生草质藤本。具根状茎。茎长 1—2m，中空，有少量髓，干后具槽。叶较厚，卵形、椭圆形或长圆状披针形；叶柄长 0.7—2cm，常在中部以下有卷须，脱落点位于上部。花单性，雌雄异株，淡绿色；伞形花序花序梗较纤细，花序托有多数小苞片，花期常不脱落。雄花花药线形，多少弯曲；雌花稍小于雄花，无退化雄蕊或具钻形退化雄蕊。浆果球形，成熟时黑色。花期 6—7 月，果期 9—10 月。

【分布与生境】秦岭南北坡有分布。生长海拔 1000—1750m 间的山坡、道旁或灌木丛中。

【利用部位与用途】块茎富含淀粉，可提制淀粉或酿酒。

【采收与加工】霜降后至次年清明前挖取块茎，挖出后剪去毛刺，洗去泥沙，趁新鲜切薄片或小块，晒干贮存，放通风干燥处，防止受潮发霉。

【资源开发与保护】牛尾菜根和根状茎有止咳作用；嫩苗可供蔬食。

淀粉植物
鞘柄菝葜

Smilax stans Maxim.
威灵仙
菝葜科 Smilacaceae 菝葜属植物

【形态特征】落叶灌木或半灌木，植株直立或披散。茎与枝条具纵棱，无刺。叶纸质，卵形，卵状披针形或近圆形，下面稍苍白色，有时呈粉尘状；叶柄向基部渐宽成鞘状，脱落点位于近顶端，基部背面具多条纵槽，无卷须。花单性，雌雄异株，绿黄色，有时淡红色，1—3 朵或数朵排成伞形花序；总花梗纤细，比叶柄长 3—5 倍；雄花内、外轮花被片相似，近条状卵形；雄蕊长约为花被片的一半；雌花比雄花稍小，具 6 枚退化雄蕊，有时退化雄蕊具花药。浆果球形，成熟时黑色，具粉霜。花期 5—6 月，果期 10 月。

【分布与生境】秦岭南北坡均有分布，生于海拔 1000—2000m 山坡灌木丛中。适应性较强，在山的阴、阳坡灌林或乔木林中均能生长。

【利用部位与用途】根茎含淀粉 20%，用于提制淀粉或酿酒。

【采收与加工】从当年 9 月至次年 4 月底均可采挖，挖出后，除去支根和茎梗，洗去泥土，切成薄片或方块，即可晒干贮存。

【资源开发与保护】鞘柄菝葜秦岭野生资源丰富。根入药，为良好的顺气药和镇痛药。

【形态特征】多年生草本。根状茎圆柱状，由于结节膨大，因此"节间"一头粗、一头细，在粗的一头有短分枝。茎高 50—90cm，有时呈攀缘状。叶轮生，每轮 4—6枚，条状披针形，先端拳卷或弯曲成钩。花序通常具 2—4 朵花，呈伞形状，生叶腋间；花被片 6，下部合生成筒，中部稍缢缩，乳白色至淡黄色；雄蕊 6，内藏；花丝下部贴生于花被筒，上部离生，子房 3 室，花柱丝状，不伸出花被之处。浆果近球形，黑色，具 4—7 颗种子。花期 5—6 月，果期 8—9 月。

【分布与生境】秦岭南北坡均有分布。生长海拔 800—1800m 间的山坡或灌木丛中。喜生于肥沃土壤和阴湿处。

【利用部位与用途】根状茎含淀粉 68%，根状茎可食用，制糕点或熬糖。

【采收与加工】春季采挖根状茎，挖出后剪去须根，洗去泥沙，阴干或入笼蒸干，去其苦味，切成薄片晒干贮存。

【资源开发与保护】黄精根状茎药用，具滋润心肺、生津养胃、补精髓之功效。在大量开发本种时应先照顾药用需要。

淀粉植物

玉竹

Polygonatum odoratum (Mill.) Druce
萎、尾参
天门冬科 Asparagaceae 黄精属植物

【形态特征】多年生草本。根状茎圆柱形。茎高 20—50cm，具 7—12 叶。叶互生，椭圆形至卵状矩圆形，先端尖。花序具 1—4 花，生叶腋间；花被黄绿色至白色，花被筒较直，先端 6 裂，裂片长 3—4mm；雄蕊 6，着生花被筒中部，微黄白色，花丝丝状，近平滑至具乳头状突起，花药长约 4mm；雌蕊 1 枚，花柱单生，柱头头状，子房 3 室，淡黄绿色。浆果球形，成熟时蓝黑色，具 7—9 颗种子。花期 5—6 月，果期 7—9 月。

【分布与生境】秦岭南北坡均有分布。生长海拔 800—2000m 间的山坡或灌木丛中。喜生于阴湿、排水良好草丛林下。

【利用部位与用途】根状茎含淀粉 26%—31%，根状茎可供食用，制蜜饯，亦可酿酒。

【采收与加工】秋季或春季采挖根状茎，除去茎、叶和须根，晒干备用。

【资源开发与保护】玉竹根状茎药用，具养阴润燥、生津止渴之功效。在大量开发本种时应先照顾药用需要。

【形态特征】鳞茎卵形，鳞片披针形，白色。茎高 20—70cm，具小乳头状突起。叶生于中上部，散生，条形。花单生或数朵排成总状花序；花下垂，绿白色，有稠密的紫褐色斑点，花被片披针形，反卷，蜜腺两边有鸡冠状突起；花丝无毛，花药长矩圆形，橙黄色；子房圆柱形，花柱柱头稍膨大，3 裂。蒴果矩圆形。花期 7—8 月，果期 9—10 月。

【分布与生境】秦岭仅在太白山和光头山采到标本，生于海拔 2000—2400m 山坡林下。喜凉爽潮湿环境，日光充足的地方、略荫蔽的环境对百合更为适合。忌干旱，忌酷暑。

【利用部位与用途】绿花百合鳞茎和球根含淀粉，此外还含有多种生物碱和维生素。

【采收与加工】绿花百合是百合中的"大熊猫"，切花的采收一般至少有 2—3 个花蕾透色以后再采收，采收后，去掉下部 10cm 的叶子，然后分级和捆扎。

【资源开发与保护】绿花百合可入药，具有润肺、止咳、养心的作用。气味芳香，观赏价值极高，被誉为分布在秦岭的 9 种野生百合属植物中"花里的大熊猫"。

淀粉植物

卷丹

Lilium lancifolium Thunb.
药百合
百合科 Liliaceae 百合属植物

【形态特征】多年生草本，高 1—2m；鳞茎近宽球形；鳞片宽卵形，白色。茎带紫色条纹，具白色绵毛。叶散生，矩圆状披针形或披针形，两面近无毛，先端有白毛，边缘有乳头状突起，有 5—7 条脉，上部叶腋有珠芽。花 3—6 朵或更多；苞片叶状，卵状披针形，先端钝，有白绵毛；花梗紫色，有白色绵毛；花下垂，花被片披针形，反卷，橙红色，有紫黑色斑点；外轮花被片长 6—10cm，宽 1—2cm；内轮花被片稍宽，蜜腺两边有乳头状突起，尚有流苏状突起；雄蕊四面张开；花丝淡红色，花药矩圆形；子房圆柱形，柱头稍膨大，3 裂。蒴果狭长卵形。花期 7—8 月，果期 9—10 月。

【分布与生境】秦岭南北坡均有分布。生长海拔 800—1600m 间的沟底或多石砾的山坡。性喜湿润。

【利用部位与用途】鳞茎含淀粉 65%—70%，供食用，煮熟加糖或大米等做粥。

【采收与加工】每年 10 月至次年 1 月，地上茎叶枯萎至萌芽期间，都可挖取鳞茎。但以当年冬初采收最好，置通风处阴干或晒干贮存。

【资源开发与保护】卷丹鳞茎作药用；花含芳香油，可作香料。

【形态特征】小鳞茎卵形，高 3.5—4cm，直径 1.2—2cm，干时淡褐色。茎直立，中空。叶纸质，网状脉；基生叶卵状心形或近宽矩圆状心形，茎生叶卵状心形。总状花序有花 10—16 朵，无苞片；花狭喇叭形，白色，里面具淡紫红色条纹；花被片条状倒披针形；雄蕊长约为花被片的 1/2；花丝向下渐扩大，扁平；花药长椭圆形；子房圆柱形；花柱长 5—6cm，柱头膨大，微 3 裂。蒴果近球形，顶端有 1 小尖突，基部有粗短果柄，红褐色，具 6 钝棱和多数细横纹，3 瓣裂。种子呈扁钝三角形，红棕色，周围具淡红棕色半透明的膜质翅。花期 6—7 月，果期 9—10 月。

【分布与生境】秦岭南北坡普遍分布。生长在海拔 1200—2300m 山坡林下阴湿处腐殖土中。

【利用部位与用途】大百合鳞茎富含淀粉，可供食用或酿酒。

【采收与加工】秋末冬初取鳞茎，晒干贮存。冬季鲜存法是选择干燥地方挖土坑，深至 1m，将鳞茎与沙土混合埋置其中，上盖稻草或其他茅草保藏，用时随取。

【资源开发与保护】大百合在秦岭野生资源较丰富，植株健壮，7—8 月抽薹开花，花大洁白，十分雅致。鳞茎药用，具有清热止咳、宽胸利气之功效。

白及

Bletilla striata (Thunb. ex A. Murray) Rchb. f.

兰科 Orchidaceae 白及属植物

【形态特征】多年生草本。株高 18—60cm。假鳞茎扁球形，上面具荸荠似的环带，富黏性。茎粗壮，劲直。叶 4—6 枚，狭长圆形或披针形，先端渐尖，基部收狭成鞘并抱茎。花序具 3—10 朵花，常不分枝或极罕分枝；花序轴或多或少呈"之"字状曲折；花苞片长圆状披针形，开花时常凋落；花大，紫红色或粉红色；萼片和花瓣近等长，狭长圆形，先端急尖；花瓣较萼片稍宽；唇瓣较萼片和花瓣稍短，倒卵状椭圆形，长 23—28mm，白色带紫红色，具紫色脉；唇盘上面具 5 条纵褶片，从基部伸至中裂片近顶部，仅在中裂片上面为波状；蕊柱长 18—20mm，柱状，具狭翅，稍弓曲。花期 4—6 月，果期 7—9 月。

【分布与生境】秦岭南坡有分布。生长海拔 1000—1500m 间的林下或山坡草丛中。

【利用部位与用途】假鳞茎淀粉含量可达 61%，淀粉黏性很强，可作糊料，浆丝绸、浆纱或作涂料及工业用原料；也可酿酒。

【采收与加工】8—10 月采挖，洗去泥土，除掉残茎须根，用微火焙干，装入箩筐，放在流水中踩去粗皮，晒干即成。宜贮存于干燥处，防止潮湿霉变。

【资源开发与保护】白及假鳞茎药用，有收敛止血、逐瘀消肿、止痛生肌之功效。白及在秦岭的野生资源很少，目前秦岭南坡有栽培。

Lycoris radiata (L'Her.) Herb.
蟑螂花、龙爪花
石蒜科 Amaryllidaceae 石蒜属

石蒜

【形态特征】多年生草本，具地下鳞茎；鳞茎近球形，直径 1—3cm。秋季出叶，叶狭带状，顶端钝，深绿色，中间有粉绿色带或卵形。花茎单一，直立，实心，高约 30cm，顶生一伞形花序；总苞片 2 枚，膜质，披针形；伞形花序有花 4—7 朵，花鲜红色；花被裂片狭倒披针形，强度皱缩和反卷，花被筒绿色，雄蕊显著伸出于花被外，比花被长 1 倍左右。花期 8—9 月，果期 10 月。

【分布与生境】秦岭南北坡均有分布，常生于浅山区，多生于林缘、荒山墓地或路旁。

【利用部位与用途】鳞茎含淀粉 48%—79%、还原糖 1.7%、植物胶 8.8%—30%，还含石蒜碱等生物碱，有毒不能食用。可提制淀粉，用于浆纱、制作涂糊料。

【采收与加工】常年均可采挖，注意不要碰伤鳞茎，否则易腐烂。挖出后如不及时加工者不要去掉茎、叶和须根，推开存放，几天之内不致变质。

【资源开发与保护】石蒜鳞茎含有多种生物碱；有解毒、祛痰、利尿、催吐、杀虫等功效，但有小毒；主治咽喉肿痛、痈肿疮毒、瘰疬、肾炎水肿、毒蛇咬伤等；石蒜碱具一定抗癌活性，并能抗炎、解热、镇静及催吐；加兰他敏和二氢加兰他敏为治疗小儿麻痹症的要药。

忽地笑

Lycoris aurea (L'Her.) Herb.
黄花石蒜、铁色箭
石蒜科 Amaryllidaceae 石蒜属植物

【形态特征】多年生草本，具地下鳞茎；鳞茎卵形，直径约 5cm。秋季出叶，叶剑形，长约 60cm，最宽处达 2.5cm，向基部渐狭，宽约 1.7cm，顶端渐尖，中间淡色带明显。花茎高约 60cm；总苞片 2 枚，披针形；伞形花序有花 4—8 朵；花黄色；花被裂片背面具淡绿色中肋，倒披针形，强度反卷和皱缩，花被筒长 12—15cm；雄蕊略伸出于花被外，比花被长 1/6 左右，花丝黄色；花柱上部玫瑰红色。蒴果具三棱，室背开裂；种子少数，近球形，黑色。花期 8—9 月，果期 10 月。

【分布与生境】秦岭南坡有分布，生长在海拔 1500m 以下的山坡潮湿处。

【利用部位与用途】鳞茎含淀粉 40%—60%，含生物碱 0.25%。可制酒精，也可作造纸糊料。

【采收与加工】一般在冬季采挖，如不及时加工，不必除去根、叶，切勿堆放，以免鳞茎变质发黑。

【资源开发与保护】忽地笑在秦岭的野生资源并不丰富。其鳞茎为提取加兰他敏的良好原料，为治疗小儿麻痹后遗症的药物。

【形态特征】一年生。秆高 50—150cm，光滑无毛，基部倾斜或膝曲。叶鞘疏松裹秆，平滑无毛，下部者长于而上部者短于节间；叶舌缺；叶片扁平，线形，边缘粗糙。圆锥花序直立，近尖塔形；主轴具棱，粗糙或具疣基长刺毛；分枝斜上举或贴向主轴，有时再分小枝；穗轴粗糙或生疣基长刺毛；小穗卵形，长 3—4mm，脉上密被疣基刺毛，具短柄或近无柄，密集在穗轴的一侧；第一颖三角形，长为小穗的 1/3—1/2，具 3—5 脉，脉上具疣基毛；第二颖与小穗等长，先端渐尖或具小尖头，具 5 脉，脉上具疣基毛；第一小花通常中性，其外稃草质，上部具 7 脉，脉上具疣基刺毛，顶端延伸成一粗壮的芒，内稃薄膜质，狭窄，具 2 脊；第二外稃椭圆形，平滑，光亮，成熟后变硬，顶端具小尖头，尖头上有一圈细毛，边缘内卷，包着同质的内稃，但内稃顶端露出。花期 6—7 月，果期 7—8 月。

【分布与生境】全国及全世界温暖区域均有分布；多生于沼泽地、沟边及水稻田中。

【利用部位与用途】种子含淀粉 45%—52%，种子磨粉可代粮、酿酒和制麦芽糖用。

【采收与加工】夏末至秋季收割，颖果成熟时，连茎割下，晒干，脱粒，除去糠秕即可。

【资源开发与保护】稗为常见田间杂草。茎、叶纤维可作造纸原料。全草可作绿肥及饲料。

【形态特征】多年生水生草本；根状茎横生，肥厚，节间膨大，内有多数纵行通气孔道，节部缢缩，上生黑色鳞叶，下生须状不定根。叶圆形，盾状，全缘稍呈波状，上面光滑，具白粉，下面叶脉从中央射出，有1—2次叉状分枝；叶柄粗壮，圆柱形，中空，外面散生小刺。花梗和叶柄等长或稍长，也散生小刺；花美丽，芳香；花瓣红色、粉红色或白色，矩圆状椭圆形至倒卵形，由外向内渐小，有时变成雄蕊，先端圆钝或微尖；花药条形，花丝细长，着生在花托之下；花柱极短，柱头顶生。坚果椭圆形或卵形，果皮革质，坚硬，熟时黑褐色；种子（莲子）卵形或椭圆形，种皮红色或白色。花期6—8月，果期8—10月。

【分布与生境】秦岭各地均有栽培。多栽植于池塘、藕田中。

【利用部位与用途】根状茎含淀粉35%—40%，莲子含淀粉45%—50%。根状茎（藕）作蔬菜或提制淀粉（藕粉）；种子供食用。

【采收与加工】8—10月，莲子成熟后即可采摘莲蓬。采下后除去莲蓬斗及莲子壳，取出种子，除去杂质，晒干即可。根状茎秋季采挖，食用者须在荷叶青茂时采挖，供制淀粉或作蜜饯者，等荷叶枯黄后采挖。采前10天放出塘水，泥土将硬时叶柄割下，再行采挖。

【资源开发与保护】莲花大而美丽，为水面绿化常见植物。叶、叶柄、花托、花、雄蕊、果实、种子及根状茎均作药用；藕及莲子为营养品，叶（荷叶）及叶柄（荷梗）煎水喝可清暑热，藕节、荷叶、荷梗、莲房、雄蕊及莲子都富含鞣质，作收敛止血药。叶为茶的代用品，又作包装材料。

Paeonia veitchii Lynch
红芍、赤芍
芍药科 Paeoniaceae 芍药属植物

淀粉植物
川赤芍

221

【形态特征】多年生草本。根圆柱形，直径 1.5—2cm。茎高 30—80cm。叶为二回三出复叶，叶片轮廓宽卵形，长 7.5—20cm；小叶成羽状分裂，裂片窄披针形至披针形，宽 4—16mm，顶端渐尖，全缘，表面深绿色，沿叶脉疏生短柔毛，背面淡绿色，无毛；叶柄长 3—9cm。花 2—4 朵，生茎顶端及叶腋，有时仅顶端一朵开放，而叶腋有发育不好的花芽；萼片 4，宽卵形，长 1.7cm，宽 1—1.4cm；花瓣 6—9，倒卵形，长 3—4cm，宽 1.5—3cm，紫红色或粉红色；花丝长 5—10mm；花盘肉质，仅包裹心皮基部；心皮 2—3，密生黄色绒毛。蓇葖长 1—2cm，密生黄色绒毛。花期 5—6 月，果期 7 月。

【分布与生境】秦岭南北坡均有分布。生长在海拔 2200—2900m 间的林下阴湿处或山坡草丛中。

【利用部位与用途】根含淀粉 56%，可酿酒。

【采收与加工】春秋季采挖根部，洗净后阴干备用。

【资源开发与保护】根供药用，称"赤芍"，能活血通经、凉血散瘀、清热解毒。川赤芍，叶多裂，花红色，可栽培兼绿化庭园。

鬼灯檠

Rodgersia podophylla Gray
索骨丹、黄药子、称杆七、红苕七
虎耳草科 Saxifragaceae 鬼灯檠属植物

【形态特征】多年生草本，高 0.6—1m。根状茎粗壮，横走。基生叶少数，具长柄，为掌状复叶，小叶片 5—7，近倒卵形，先端 3 浅裂，裂片顶端渐尖，边缘有粗锯齿，叶柄基部扩大呈鞘状，边缘具长睫毛；茎生叶互生，较小。圆锥花序顶生，多花；花梗和花序轴均密被鳞片状毛（有时具腺头）；萼片 7—5，白色，近卵形，先端渐尖，腹面无毛，边缘和背面疏生腺毛，具羽状脉，脉于先端不汇合；花瓣不存在；雄蕊通常 10；心皮 2，下部合生，子房近上位，卵球形。蒴果；种子多数。花期 6—7 月，果期 9—10 月。

【分布与生境】秦岭南北坡普遍分布，生于海拔 1200—2600m 间的山谷石崖上或林下阴湿腐殖土深厚处。

【利用部位与用途】鲜根状茎红色，含淀粉 18%、糖类 20%；干根状茎含淀粉 42%、糖类 48%。根状茎可制酒、醋和酱油，亦可代替粮食制糕点。

【采收与加工】秋末至次年早春采挖最好，挖出根状茎后，洗去泥土，除去须根，切成薄片，晒干或烘干后备用。

【资源开发与保护】鬼灯檠秦岭野生资源较为丰富，叶含鞣质，可提取栲胶；根状茎亦可入药，具有收敛止血、止痛生肌、消瘿解毒之功效。

淀粉植物

Gueldenstaedtia multiflora Bge.
米布袋、紫花地丁、地丁
豆科 Leguminosae 米口袋属

米口袋

223

【形态特征】多年生草本，主根圆锥状。分茎极缩短，叶及总花梗于分茎上丛生。奇数羽状复叶，具 21 片左右全缘的小叶，着生于缩短的分茎上而呈莲座丛状；小叶椭圆形到长圆形，卵形到长卵形，有时披针形；顶端小叶有时为倒卵形，基部圆，先端具细尖，急尖、钝、微缺或下凹成弧形。伞形花序有 2—6 朵花；总花梗具沟，被长柔毛，花期较叶稍长，花后约与叶等长或短于叶长；花冠紫堇色，旗瓣倒卵形，全缘，先端微缺，基部渐狭成瓣柄，翼瓣长斜长倒卵形，具短耳，龙骨瓣倒卵形；子房椭圆状，密被长柔毛，花柱无毛，内卷，顶端膨大成圆形柱头。荚果圆筒状，被长柔毛；种子三角状肾形，具凹点。花期 4 月，果期 5—6 月。

【分布与生境】秦岭南北坡均有分布，生于海拔 350—2000m 间的沟岸、荒坡及路旁草丛中。

【利用部位与用途】根含量淀粉 35%，根淀粉可酿酒。

【采收与加工】5—7 月间采挖根部，除去茎和须根，洗净晒干。

【资源开发与保护】米口袋全草及根作地丁入药，有些地区也作紫花地丁用。

歪头菜

Vicia unijuga A. Br.
野豌豆、草豆、两叶豆苗、三叶
豆科 Leguminosae 野豌豆属植物

【形态特征】多年生草本，高 40—100cm。根茎粗壮近木质。通常数茎丛生，具棱。叶轴末端为细刺尖头；小叶一对，卵状披针形或近菱形先端渐尖，边缘具小齿状，基部楔形。总状花序单一稀有分支呈圆锥状复总状花序，明显长于叶；花 8—20 朵一面向密集于花序轴上部；花萼紫色，斜钟状或钟状，萼齿明显短于萼筒；花冠蓝紫色、紫红色或淡蓝色，旗瓣倒提琴形，中部缢缩，先端圆有凹，翼瓣先端钝圆，龙骨瓣短于翼瓣，子房线形，无毛，胚珠 2—8，具子房柄。荚果扁、长圆形，表皮棕黄色，近革质，两端渐尖，先端具喙，成熟时腹背开裂，果瓣扭曲。种子 3—7，扁圆球形。花期 6—7 月，果期 8—9 月。

【分布与生境】秦岭南北坡普遍分布，生于海拔 500—3600m 间的林间、草坡、沟岸。性喜干燥。

【利用部位与用途】种子含淀粉 40%，供酿酒、造醋，并可磨成粉食用。嫩茎叶可作菜食用，老茎叶可作饲料。

【采收与加工】秋后将全株割回，放在场上晒干，打碾、去杂，即得净籽，贮存备用。

【资源开发与保护】歪头菜为优良牧草，牲畜喜食。全草药用，有补虚、调肝、理气、止痛等功效。其生长旺盛，广布荒草坡，亦用于水土保持及绿肥，为早春蜜源植物之一。

Sorbus koehneana Schneid.
昆氏花楸
蔷薇科 Rosaceae 花楸属植物

陕甘花楸

【形态特征】灌木或小乔木，高达 4m；小枝圆柱形，暗灰色或黑灰色。奇数羽状复叶，小叶片 8—12 对，长圆形至长圆披针形，先端圆钝或急尖，基部偏斜圆形，边缘每侧有尖锐锯齿 10—14，全部有锯齿或仅基部全缘；叶轴两面微具窄翅，上面有浅沟。复伞房花序多生在侧生短枝上，具多数花朵，总花梗和花梗有稀疏白色柔毛；萼筒钟状，内外两面均无毛；萼片三角形，先端圆钝，外面无毛，内面微具柔毛；花瓣宽卵形，先端圆钝，白色；雄蕊 20，长约为花瓣的 1/3；花柱 5，几与雄蕊等长，基部微具柔毛或无毛。果实球形，白色，先端具宿存闭合萼片。花期 6 月，果期 9 月。

【分布与生境】秦岭南北坡普遍分布，生于海拔 2000—3000m 间的高山坡杂木林内。

【利用部位与用途】果实富含多种维生素，可用于酿酒，制果酱、果汁和本醋等。

【采收与加工】9—10 月待果实充分成熟后采摘，经过清选，用于各种加工。

【资源开发与保护】陕甘花楸枝叶秀丽，秋季结实累累，可栽培供观赏。

湖北花楸

Sorbus hupehensis Schneid.
雪压花、臭枸子
蔷薇科 Rosaceae 花楸属植物

【形态特征】乔木，高 5—10m；小枝圆柱形，暗灰褐色，具少数皮孔。奇数羽状复叶，连叶柄共长 10—15cm，叶柄长 1.5—3.5cm；小叶片 4—8 对，基部和顶端的小叶片较中部的稍长，长圆披针形或卵状披针形，先端急尖、圆钝或短渐尖，边缘有尖锐锯齿，近基部 1/3 或 1/2 几为全缘；侧脉 7—16 对，几乎直达叶边锯齿。复伞房花序具多数花朵，总花梗和花梗无毛或被稀疏白色柔毛；萼筒钟状，萼片三角形，先端急尖，外面无毛，内面近先端微具柔毛；花瓣卵形，先端圆钝，白色；雄蕊 20，长约为花瓣的 1/3；

花柱 4—5，基部有灰白色柔毛，稍短于雄蕊或几与雄蕊等长。果实球形，直径 5—8mm，白色，有时带粉红晕，先端具宿存闭合萼片。花期 5—7 月，果期 8—9 月。

【分布与生境】秦岭南北坡普遍分布，生于海拔 1500—2200m 间的高山坡杂木林内。

【利用部位与用途】果实富含多种维生素，可用于酿酒，制果酱、果汁和本醋等。

【采收与加工】9—10 月待果实充分成熟后采摘，经过清选，用于各种加工。

【资源开发与保护】湖北花楸树皮含鞣质，可提取栲胶。亦可栽培供城市绿化。

Potentilla anserina L.
人参果、延寿草、蕨麻委陵菜、鹅绒委陵菜
蔷薇科 Rosaceae 委陵菜属植物

蕨麻

【形态特征】多年生草本。根向下延长，有时在根的下部长成纺锤形或椭圆形块根。茎匍匐，在节处生根。基生叶为间断羽状复叶，有小叶 6—11 对，连叶柄长 2—20cm。小叶对生或互生，无柄或顶生小叶有短柄，最上面一对小叶基部下延与叶轴汇合，基部小叶渐小呈附片状；小叶片通常椭圆形，倒卵椭圆形或长椭圆形，长 1—2.5cm，宽 0.5—1cm，顶端圆钝，基部楔形或阔楔形，边缘有多数尖锐锯齿或呈裂片状，茎生叶与基生叶相似，惟小叶对数较少。单花腋生；花梗长 2.5—8cm，被疏柔毛；花直径 1.5—2cm；萼片三角卵形，顶端急尖或渐尖，副萼片椭圆形或椭圆披针形，常 2—3 裂，稀不裂，与副萼片近等长或稍短；花瓣黄色，倒卵形、顶端圆形，比萼片长 1 倍；花柱侧生，小枝状，柱头稍扩大。花期 5—7 月，果期 8—9 月。

【分布与生境】分布于秦岭北坡低山区和渭河滩地，生于海拔 400—1700m 的湿润草地上。

【利用部位与用途】蕨麻根部膨大，富含淀粉、脂肪酸及人体所需的 18 种氨基酸和多种维生素，被称为"蕨麻"或"人参果"。可供甜制食品及酿酒用，也可治贫血和营养不良等。

【采收与加工】秋季至第二年春季均可采收，9—10 月待果实充分成熟后采摘，经过清选，用于各种加工。

【资源开发与保护】蕨麻根含鞣料，可提制栲胶，并可入药，作收敛剂；茎叶可提取黄色染料；蕨麻也是蜜源植物和饲料植物。

槲栎

Quercus aliena Bl.
细皮青冈、大叶青冈、青冈树
壳斗科 Fagaceae 栎属植物

【形态特征】落叶乔木，高达30m；树皮暗灰色，深纵裂。小枝灰褐色。叶片长椭圆状倒卵形至倒卵形，顶端微钝或短渐尖，基部楔形或圆形，叶缘具波状钝齿，叶背被灰棕色细绒毛，侧脉每边10—15条，叶面中脉侧脉不凹陷。雄花序长4—8cm，雄花单生或数朵簇生于花序轴，花被6裂，雄蕊通常10枚；雌花序生于新枝叶腋，单生或2—3朵簇生。壳斗杯形，包着坚果约1/2；小苞片卵状披针形，排列紧密，被灰白色短柔毛。坚果椭圆形至卵形，果脐微突起。花期4—5月，果期9—10月。

【分布与生境】秦岭南北坡普遍分布，生于海拔700—2000m的向阳山坡，常与其他树种组成混交林或成小片纯林。喜阳光，较耐干旱，在贫瘠之地也能生长。

【利用部位与用途】果种子含淀粉60%—70%，淀粉硬不易糊化，性黏容易结块。淀粉可酿酒；也可制糕点、凉粉、粉条和做豆腐及酱油等。

【采收与加工】8—9月间成熟采收，采收时将果实（带壳斗）用棍棒击落，收集起来，在日光下晒，稍干后将果实与壳斗分离，再将壳斗晒干，供作栲胶原料；净果实再摊于日光下曝晒，达到果皮裂缝程度，用棍棒敲打或放碾上碾压，除去果皮，再晒干种子，即可贮存。

【资源开发与保护】木材坚硬，耐腐，纹理致密，供建筑、家具等用材；壳斗、树皮富含单宁。

Quercus aliena Bl. var. *acuteserrata* Maxim. ex Wenz.
锐齿栎
壳斗科 Fagaceae 栎属植物

锐齿槲栎

【形态特征】落叶乔木，高达30m。小枝具沟槽。叶长椭圆状卵形至卵形，长 9—20cm，宽 5—9cm，顶端短渐尖，基部楔形或圆形，边缘有粗大锯齿，齿端尖锐，内弯，背面密生灰白色星状细绒毛，侧脉 10—16 对，有时更多；叶柄长 1—2cm。壳斗碗形，包围坚果 1/3，直径 1—1.5cm，高 0.6—1cm；苞片小，卵状披针形，紧密复瓦状排列，被薄柔毛。坚果长卵形至卵形，直径 1—1.4cm，高 1.5—2cm，顶端有疏毛，果脐微凸起。花期 3—4 月，果熟期 10—11 月。

【分布与生境】秦岭南北坡普遍分布，生于海拔 700—2000m 的山坡，常自成纯林，在南坡与马尾松组成松栎林。

【利用部位与用途】种子含淀粉55.8%，淀粉硬不易糊化，性黏容易结块。淀粉可酿酒；也可制糕点、凉粉、粉条和做豆腐及酱油等。

【采收与加工】10—11 月间成熟采收，采收时将果实（带壳斗）用棍棒击落，收集起来，在日光下晒，稍干后将果实与壳斗分离，再将壳斗晒干，供作栲胶原料；净果实再摊于日光下曝晒，达到果皮裂缝程度，用棍棒敲打或放碾上碾压，除去果皮，再晒干种子，即可贮存。

【资源开发与保护】木材为环孔材，边材灰白色，心材黄色；叶含蛋白质 12.5%。壳斗、树皮、种子富含单宁。

橿子栎

Quercus baronii Skan
橿子树、黄橿子
壳斗科 Fagaceae 栎属植物

【形态特征】常绿灌木或乔木，高达 15m。叶片卵状披针形，顶端渐尖，基部圆形或宽楔形，叶缘 1/3 以上有锐锯齿，叶片幼时两面疏被星状微柔毛，叶背中脉有灰黄色长绒毛，后渐脱落，侧脉每边 6—7 条，纤细，在叶片两面微突起。雄花序 1—3 个生于前年生枝的叶腋，花序轴被绒毛；雌花序长 1—1.5cm，具 1 至数朵花。壳斗杯形，包着坚果 1/2—2/3；小苞片钻形，反曲，被灰白色短柔毛。坚果卵形或椭圆形；顶端平或微凹陷；果脐微突起。花期 4 月，果期 10 月。

【分布与生境】秦岭南北坡普遍分布，常成群丛，生于海拔 500—2100m 的山坡、山梁或沟岸上，喜砾石土壤和较干燥的气候。

【利用部位与用途】种子含淀粉 60%—70%，种子淀粉可食用和酿酒。

【采收与加工】8—9 月间成熟采收，采收时将果实（带壳斗）用棍棒击落，收集起来，在日光下晒，稍干后将果实与壳斗分离，再将壳斗晒干，供作栲胶原料；净果实再摊于日光下曝晒，达到果皮裂缝程度，用棍棒敲打或放碾上碾压，除去果皮，再晒干种子，即可贮存。

【资源开发与保护】木材坚硬，耐久，耐磨损，可供车辆、家具等用材；树皮和壳斗含单宁，可提取栲胶。

Quercus variabilis Bl.
软木栎、粗皮青冈
壳斗科 Fagaceae 栎属植物

淀粉植物

栓皮栎

231

【形态特征】落叶乔木，高达 30m，树皮黑褐色，深纵裂，木栓层发达。小枝灰棕色；芽圆锥形，芽鳞褐色，具缘毛。叶片卵状披针形或长椭圆形，顶端渐尖，基部圆形或宽楔形，叶缘具刺芒状锯齿，叶背密被灰白色星状绒毛，侧脉每边 13—18 条，直达齿端。花单性，雌雄同株，雄花序成柔荑花序，生新枝下部，花序轴密被褐色绒毛，花被 4—6 裂，雄蕊 10 枚或较多；雌花序生于新枝上端叶腋，子房 3 室，花柱 3。壳斗杯形，包着坚果 2/3；小苞片钻形，反曲，被短毛。坚果近球形或宽卵形，顶端圆，果脐突起。花期 3—4 月，果期翌年 9—10 月。

【分布与生境】秦岭南北坡均分布，常成纯林，生于海拔 500—1800m 的山沟及山坡上，阳性树种，深根性，耐干燥空气，常生于比较湿润深厚土壤中。

【利用部位与用途】种子含淀粉 50%—65%，种子淀粉可酿酒、做酱油和凉粉。副产品可作猪饲料。

【采收与加工】霜降前后采收，将带壳斗果实稍加日晒，使壳斗与果实分离，晒至果实发裂时，除去果壳再将子仁晒干，置通风处保存，但要注意防虫。

【资源开发与保护】木材为环孔材，边材淡黄色，心材淡红色；树皮木栓层发达，是我国生产软木的主要原料；树皮含蛋白质 10.56%；栎实含含单宁 5.1%；壳斗、树皮富含单宁，可提取栲胶。

淀粉植物
槲树

Quercus dentata Thunb.
柞栎、槲皮树
壳斗科 Fagaceae 栎属植物

【形态特征】落叶乔木，高达 25m，树皮暗灰褐色，深纵裂。小枝粗壮，有沟槽，密被灰黄色星状绒毛。叶片倒卵形或长倒卵形，顶端短钝尖，叶面深绿色，基部耳形，叶缘波状裂片或粗锯齿，叶背面密被灰褐色星状绒毛，侧脉每边 4—10 条。雄花序生于新枝叶腋，花序轴密被淡褐色绒毛，花数朵簇生于花序轴上；花被 7—8 裂，雄蕊通常 8—10 个；雌花序生于新枝上部叶腋，子房 3 室，柱头 3。壳斗杯形，包着坚果 1/2—1/3；小苞片革质，窄披针形，反曲或直立，红棕色。坚果卵形至宽卵形，有宿存花柱。花期 4—5 月，果期 9—10 月。

【分布与生境】秦岭南北坡普遍分布，常成纯林，生于海拔 300—1500m 的山坡上。阳性树种，喜干燥深厚的壤土或砂质黏土，对病虫、风、火等均有抵抗力。

【利用部位与用途】种子含淀粉 50%—65%，种子淀粉可酿酒，可制粉条、冷食或熟食等。

【采收与加工】8—9 月间成熟采收，采收时将果实（带壳斗）用棍棒击落，收集起来，在日光下晒，稍干后将果实与壳斗分离，再将壳斗晒干，供作栲胶原料；净果实再摊于日光下曝晒，达到果皮裂缝程度，用棍棒敲打或放碾上碾压，除去果皮，再晒干种子，即可贮存。

【资源开发与保护】木材为环孔材，边材淡黄至褐色，心材深褐色，材质坚硬，耐磨损，易翘裂，供坑木、地板等用材；叶含蛋白质 14.9%，可饲柞蚕；树皮、种子入药作收敛剂；树皮、壳斗可提取栲胶。

Trichosanthes kirilowii Maxim.
瓜蒌、瓜楼、药瓜
葫芦科 Cucurbitaceae 栝楼属植物 | **栝楼**

【形态特征】攀缘藤本，长达 10m；块根圆柱状，粗大肥厚，富含淀粉，淡黄褐色。茎较粗，多分枝，具纵棱及槽，被白色伸展柔毛。叶片纸质，轮廓近圆形，浅裂至中裂，裂片菱状倒卵形、长圆形，先端钝，急尖，边缘常再浅裂，叶基心形，基出掌状脉 5 条，细脉网状。花雌雄异株。雄总状花序单生，或与一单花并生，或在枝条上部者单生，粗壮，具纵棱与槽，被微柔毛。花冠白色，裂片倒卵形，顶端中央具 1 绿色尖头，两侧具丝状流苏，被柔毛；花药靠合，花丝分离，粗壮，被长柔毛。雌花单生，花萼筒圆筒形，裂片和花冠同雄花；子房椭圆形，绿色，柱头 3。果实椭圆形或圆形，成熟时黄褐色或橙黄色；种子卵状椭圆形，压扁，淡黄褐色，近边缘处具棱线。花期 5—8 月，果期 8—10 月。

【分布与生境】秦岭南北坡均分布，生于海拔 550—2100m 间的山坡或田埂、沟旁。

【利用部位与用途】块根含淀粉 64%，其淀粉在显微镜下呈球状，直径 10—40μm。栝楼的块根淀粉，可供食用及作酿酒原料。

【采收与加工】选三年以上的植株采挖，在霜降（10 月）前后最为适宜。

【资源开发与保护】栝楼的果实、种子及根均供药用，根加工成淀粉称为"天花粉"，外用治湿疹及其他皮肤病。果实和根具止咳、镇静、解热利尿、催乳之功效。

淀粉植物
苦荞麦

Fagopyrum tataricum (L.) Gaertn.
荞麦七、苦荞头
蓼科 Polygonaceae 荞麦属

【形态特征】一年生草本。茎直立，高 30—70cm，分枝，绿色或微呈紫色，有细纵棱，一侧具乳头状突起，叶宽三角形，下部叶具长叶柄，上部叶较小具短柄；托叶鞘偏斜，膜质，黄褐色。花序总状，顶生或腋生，花排列稀疏；苞片卵形，每苞内具 2—4 花，花梗中部具关节；花被 5 深裂，白色或淡红色，花被片椭圆形；雄蕊 8，比花被短；花柱 3，短，柱头头状。瘦果长卵形，长 5—6mm，具 3 棱及 3 条纵沟，上部棱角锐利，下部圆钝有时具波状齿，黑褐色，无光泽，比宿存花被长。花期 6—9 月，果期 8—10 月。

【分布与生境】秦岭南北坡均分布，生于海拔 1000—2000m 的田边、路旁、山坡、河谷，栽培或半自生，常见于润滑的沟谷或河滩。

【利用部位与用途】种子含淀粉，可制成代乳粉供食用，亦可作牲畜饲料。

【采收与加工】苦荞麦在秋后成熟，可采割全株，晒干打碾，即得子实。用石碾或石磨粗拉一次，用筛除去皮壳，再细磨过细筛，即得苦荞麦粉。

【资源开发与保护】苦荞麦根供药用，理气止痛，健脾利湿。嫩苗开水烫后，再用冷水浸，炒食或作菜汤均可。

Fallopia multiflora (Thunb.) Harald.
多花蓼、紫乌藤、夜交藤
蓼科 Polygonaceae 何首乌属植物

淀粉植物
何首乌

235

【形态特征】多年生草本。块根肥厚，长椭圆形，黑褐色。茎缠绕，多分枝，具纵棱，下部木质化。叶卵形或长卵形，顶端渐尖，基部心形或近心形，两面粗糙，边缘全缘；托叶鞘膜质，偏斜。花序圆锥状，顶生或腋生，分枝开展，具细纵棱，沿棱密被小突起；苞片三角状卵形，具小突起，顶端尖，每苞内具2—4花；花梗细弱，下部具关节，果时延长；花被5深裂，白色或淡绿色，花被片椭圆形，大小不相等，外面3片较大背部具翅，果时增大，花被果时外形近圆形；雄蕊8，花丝下部较宽；花柱3，极短，柱头头状。瘦果卵形，具3棱，黑褐色，有光泽，包于宿存花被内。花期8—9月，果期9—10月。

【分布与生境】秦岭南北坡普遍分布，常成纯林，生于海拔400—2000m间的多石山坡路旁、沟岸、住宅旁或灌丛内。

【利用部位与用途】根含淀粉，可用于制粉或酿酒，酒有药味，为滋补剂。

【采收与加工】全年均可采挖，但以秋末至春初采挖质量较好。挖出后，洗去泥土，横切成片，晒干备用。

【资源开发与保护】何首乌块根、茎、叶均供药用。块根为滋养强壮剂，具安神、养血、活络之功效。

红蓼

Polygonum orientale L.
荭草、东方蓼
蓼科 Polygonaceae 蓼属

【形态特征】一年生草本。茎直立，粗壮，高 1—2m。叶宽卵形、宽椭圆形或卵状披针形，顶端渐尖，基部圆形或近心形，微下延，边缘全缘，密生缘毛，两面密生短柔毛，叶脉上密生长柔毛；托叶鞘筒状，膜质，被长柔毛，具长缘毛，通常沿顶端具草质、绿色的翅。总状花序呈穗状，顶生或腋生，花紧密，微下垂，通常数个再组成圆锥状；苞片宽漏斗状，草质，绿色，被短柔毛，边缘具长缘毛，每苞内具 3—5 花；花梗比苞片长；花被 5 深裂，淡红色或白色；花被片椭圆形；雄蕊 7，比花被长；花盘明显；花柱 2，中下部合生，比花被长，柱头头状。瘦果近圆形，双凹，黑褐色，有光泽，包于宿存花被内。花期 6—9 月，果期 8—10 月。

【分布与生境】秦岭南北坡均分布，生于海拔 400—2200m 的山坡路旁、河滩、沟边湿地。野生或栽培。

【利用部位与用途】种子淀粉含量 42%，种子淀粉可制饴糖，也可用以酿酒。

【采收与加工】种子成熟后，剪下果序，晒干后，打下种子，除去杂质，贮存在干燥处。

【资源开发与保护】红蓼果实、茎、花、叶、根及全草均可入药。果实入药，称"水红花子"，有活血、止痛、消积、利尿功效。干叶磨粉浸液可作农药，对于防止棉蚜虫效果良好。全草还可作牛饲料。

Polygonum viviparum L.
蝎子七、白粉、野高粱
蓼科 Polygonaceae 蓼属植物

淀粉植物
珠芽蓼

237

【形态特征】多年生草本。根状茎粗壮，弯曲，黑褐色。茎直立，高 15—60cm，不分枝，通常 2—4 条自根状茎发出。基生叶长圆形或卵状披针形，顶端尖或渐尖，基部圆形、近心形或楔形，边缘脉端增厚。外卷，具长叶柄；茎生叶较小披针形，近无柄；托叶鞘筒状，膜质，下部绿色，上部褐色，偏斜，开裂。总状花序呈穗状，顶生，紧密，下部生珠芽；苞片卵形，膜质，每苞内具 1—2 花；花梗细弱；花被 5 深裂，白色或淡红色。花被片椭圆形；雄蕊 8，花丝不等长；花柱 3，下部合生，柱头头状。瘦果卵形，具 3 棱，深褐色，有光泽，包于宿存花被内。花期 5—7 月，果期 7—9 月。

【分布与生境】秦岭南北坡普遍分布，生于海拔 1500—3000m 的山坡林下、高山或亚高山草甸湿润地区，常与禾本科植物混生。

【利用部位与用途】瘦果含淀粉 40%，种子淀粉可作副食品酿酒用。根状茎亦富含淀粉，可酿酒。

【采收与加工】瘦果秋季成熟，熟后易落粒，应及时采收。挖取根状茎宜在晚秋或早春进行。

【资源开发与保护】珠芽蓼根状茎入药，具有清热解毒、止血散瘀之功效。嫩茎叶可作羊饲料。全草捣烂制成粉剂或溶液，能防治农作物害虫。

淀粉植物
羊蹄

Rumex japonicus Houtt.
土大黄、酸桶
蓼科 Polygonaceae 酸模属

【形态特征】多年生草本。茎直立，高 50—100cm，上部分枝，具沟槽。基生叶长圆形或披针状长圆形，顶端急尖，基部圆形或心，边缘微波状，下面沿叶脉具小突起；茎上部叶狭长圆形；托叶鞘膜质，易破裂。花序圆锥状，花两性，多花轮生；花梗细长，中下部具关节；花被片 6，淡绿色，外花被片椭圆形，内花被片果时增大，宽心形，顶端渐尖，基部心形，网脉明显，边缘具不整齐的小齿，全部具小瘤。瘦果宽卵形，具 3 锐棱，两端尖，暗褐色，有光泽。花期 5—6 月，果期 6—7 月。

【分布与生境】秦岭南北坡普遍分布，生于海拔 700—2000m 的山坡湿地、沟旁、河岸及路旁。

【利用部位与用途】根含淀粉 22%、鞣质 5%；叶含蛋白质 22%。根淀粉可酿酒，出酒率约 17%。

【采收与加工】2—8 月间采收较为适宜。将地下根挖出后，先除去茎叶及须根，用水洗去泥土，切成薄片或小段晒干，贮存于通风干燥处。

【资源开发与保护】羊蹄适应性强，野生资源丰富。其根、叶可入药，具清热凉血功效。根和茎可制活性炭；种子可提取糠醛；根可提制栲胶。

Vaccaria segetalis (Neck.) Garcke
蝎子七、白粉、野高粱
蓼科 Polygonaceae 蓼属植物

麦蓝菜

【形态特征】一年生或二年生草本，高 30—70cm。根为主根系。茎单生，直立，上部分枝。叶片卵状披针形或披针形，基部圆形或近心形，微抱茎，顶端急尖，具 3 基出脉。伞房花序稀疏；花萼卵状圆锥形，后期微膨大呈球形，棱绿色，棱间绿白色，近膜质，萼齿小，三角形，顶端急尖，边缘膜质；雌雄蕊柄极短；花瓣淡红色，爪狭楔形，淡绿色，瓣片狭倒卵形，斜展或平展，微凹缺，有时具不明显的缺刻；雄蕊内藏；花柱线形，微外露。蒴果宽卵形或近圆球形；种子近圆球形，红褐色至黑色。花期 5—7 月，果期 6—8 月。

【分布与生境】生于秦岭低山麦田内或农田附近，为麦田常见杂草。

【利用部位与用途】种子含淀粉 53%，种子淀粉可酿酒和制醋。

【采收与加工】6—7 月间，当种子成熟时拔取全株，晒干，打下种子，筛除杂质即可。

【资源开发与保护】麦蓝菜种子入药，治经闭、乳汁不通、乳腺炎和痈疖肿痛。

淀粉植物
打碗花

Calystegia hederacea Wall.ex.Roxb.
狗儿秧、小旋花
旋花科 Convolvulaceae 打碗花属植物

【形态特征】一年生草本，植株通常矮小，高 8—30cm，常自基部分枝，具细长白色的根。茎细，平卧，有细棱。基部叶片长圆形，顶端圆，基部戟形，上部叶片 3 裂，中裂片长圆形或长圆状披针形，侧裂片近三角形，全缘或 2—3 裂，叶片基部心形或戟形。花腋生，1 朵，花冠淡紫色或淡红色，钟状，冠檐近截形或微裂；雄蕊近等长，花丝基部扩大，贴生花冠管基部，被小鳞毛；子房无毛，柱头 2 裂，裂片长圆形，扁平。蒴果卵球形，宿存萼片与之近等长或稍短。种子黑褐色。花期 5—8 月，果期 8—10 月。

【分布与生境】秦岭南北坡普遍分布，生于海拔 300—3000m 间的荒地、耕地、路旁、草坡上。

【利用部位与用途】根状茎含淀粉 17%，可造酒，出酒率 10%—12%；也可制饴糖，出糖率 45%，冬天根状茎含糖量更高。此外，打碗花是优质的猪饲料。

【采收与加工】秋冬间挖根最为适宜，洗去泥土杂质，晒干，置于干燥通风处。

【资源开发与保护】打碗花是常见田间杂草，通过根状茎进行无性繁殖，分布广，适应性强，可进一步开发。根药用，治妇女月经不调，红、白带下。

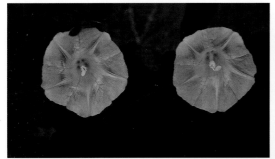 

Adenophora hunanensis Nannf.
宽裂沙参
桔梗科 Campanulaceae 沙参属植物

淀粉植物
杏叶沙参

241

【形态特征】多年生草本，茎高60—120cm，不分枝。茎生叶至少下部的具柄，很少近无柄，叶片卵圆形，卵形至卵状披针形，基部常楔状渐尖，或近于平截形而突然变窄，沿叶柄下延，顶端急尖至渐尖，边缘具疏齿。花序分枝长，几乎平展或弓曲向上，常组成大而疏散的圆锥花序，花萼筒部倒圆锥状，裂片卵形至长卵形，基部通常彼此重叠；花冠钟状，蓝色、紫色或蓝紫色，裂片三角状卵形，为花冠长的1/3；花盘短筒状；花柱与花冠近等长。蒴果球状椭圆形，或近于卵状，种子椭圆状，有一条棱。花期8—9月，果期9—10月。

【分布与生境】秦岭南北坡均有分布，生于海拔1000—1600m的山坡草地或疏林下。

【利用部位与用途】根含淀粉，可供酿酒及制副食品。细苗供食用，为良好的春季野菜。

【采收与加工】8—10月间挖出根，洗去泥土，晒干即为酿酒原料，放通风干燥处保存。4—5月采摘细苗食用。

【资源开发与保护】杏叶沙参是南沙参的药源之一，养阴清肺，祛痰止咳。治肺热燥咳、虚痨久咳、咽干喉痛。

淀粉植物

金银忍冬

Lonicera maackii (Rupr.) Maxim.
金银木
忍冬科 Caprifoliaceae 忍冬属植物

【形态特征】落叶灌木，高达 6m。冬芽小，卵圆形，有 5—6 对或更多鳞片。叶纸质，形状变化较大，通常卵状椭圆形至卵状披针形，顶端渐尖或长渐尖，基部宽楔形至圆形。花芳香，生于幼枝叶腋，总花梗长 1—2mm，短于叶柄；萼檐钟状，为萼筒长的 2/3 至相等，干膜质，萼齿宽三角形或披针形，不相等，顶尖，裂隙约达萼檐之半；花冠先白色后变黄色，长 2cm，外被短伏毛或无毛，唇形，筒长约为唇瓣的 1/2，内被柔毛；雄蕊与花柱长约达花冠的 2/3，花丝中部以下和花柱均有向上的柔毛。果实暗红色，圆形。花期 5—6 月，果熟期 8—10 月。

【分布与生境】秦岭南北坡均有分布，生于海拔 1200—1800m 的山谷、山坡林下或灌丛中。

【利用部位与用途】金银忍冬叶含 10% 淀粉和 1%—5% 的鞣质，叶子淀粉可制成凉粉供食用，嫩叶及花可作茶或食用。

【采收与加工】7—8 月间采摘叶子，晒干。每千克叶子加水 10 碗（冷水与开水各半），将叶子揉烂使液汁溶解于水中，再用布包好过滤，除去碎叶，将滤液放锅加热，慢慢凝结成块，成带棕红色的凉粉，味略苦，可食。

【资源开发与保护】金银忍冬茎皮可制人造棉。花可提取芳香油。种子榨成的油可制肥皂。